U0159211

妖存在吗？它是智慧生命吗？
挑战热力学第二定律，挑战熵增！

热力学第二定律奠定了现实的基础和万物的命运。第二定律决定了果必在因之后，实际上，它还决定了时间的流动。它解释了为什么一个跌落的玻璃杯会破碎且不能复原，解释了地球为何会出现生命，甚至预测了宇宙的终结。

第二定律规定热只能从一个较热的物体传递到一个较冷的物体，也可以说，熵——系统混乱程度的量度——总是增加或保持不变。

第二定律可以被打破吗？如果可以，你就能释放混沌、统治世界。

物理学家麦克斯韦向第二定律发起挑战，他意识到自然界也许存在与熵增相拮抗的机制。为证明第二定律可以被打破，著名的麦克斯韦妖应运而生。

简单地说，一个绝热盒子被等分为A、B两格，盒子中间有一扇由麦克斯韦妖控制的小"门"。容器中的空气分子作不规则运动时会撞击这扇"门"，妖可以观测分子的运动路径和速度并通过对"门"的控制使速度较快的分子进入A、速度较慢的分子进入B。如此，A、B两格中的分子总量未变，但能量分布不再均匀，热的系统更热了、冷的系统更冷了，出现了一个不等温系统，第二定律遭到严峻挑战且引发了学术界持久的论战。

英国理论物理学家布莱恩·克莱格从妖的视角、自己的视角，用两条线索将伟大科学家麦克斯韦和麦克斯韦妖的故事娓娓道来，用通俗化的语言来阐述晦涩难懂的前沿科学，用讲故事的手法将物理学思想实验作大众化普及，适合广大物理学爱好者、科学爱好者阅读。

科学可以这样看丛书

Professor Maxwell's Duplicitous Demon

麦克斯韦妖

麦克斯韦揭示电磁与物质

〔英〕布莱恩·克莱格（Brian Clegg） 著

向梦龙 译

妖，控制随机热运动
或存在与熵增相拮抗的机制
电动力学创始人发起对热力学的挑战

重庆出版集团 重庆出版社

Professor Maxwell's Duplicitous Demon: How James Clerk Maxwell Unravelled the Mysteries of Electromagnetism and Matter byBrian Clegg

Copyright © 2019 Brian Clegg

This edition arranged with THE MARSH AGENCY LTD & Icon Books Ltd

Through BIG APPLE AGENCY, INC., LABUAN, MALAYSIA.

Simplified Chinese edition copyright©2023 Chongqing Publishing House Co., Ltd.

All rights reserved.

版贸核渝字(2019)第166号

图书在版编目(CIP)数据

麦克斯韦妖 /(英)布莱恩·克莱格著;向梦龙译. —重庆:重庆出版社,2023.8

(科学可以这样看丛书/冯建华主编)

书名原文:Professor Maxwell's Duplicitous Demon

ISBN 978-7-229-17545-0

Ⅰ.①麦… Ⅱ.①布… ②向…Ⅲ.①热力学第二定律—普及读物 Ⅳ.①O414.11-49

中国版本图书馆CIP数据核字(2023)第056845号

麦克斯韦妖

MAIKESIWEIYAO

〔英〕布莱恩·克莱格(Brian Clegg) 著

向梦龙 译

责任编辑:连 果

审 校:冯建华

责任校对:何建云

封面设计:博引传媒·邱 江

 重庆出版集团
重庆出版社 出版

重庆市南岸区南滨路162号1幢 邮政编码:400061 http://www.cqph.com

重庆出版社艺术设计有限公司制版

重庆市国丰印务有限责任公司印刷

重庆出版集团图书发行有限公司发行

全国新华书店经销

开本:710mm×1000mm 1/16 印张:12.5 字数:182千

2023年8月第1版 2023年8月第1次印刷

ISBN 978-7-229-17545-0

定价:49.80元

如有印装质量问题,请向本集团图书发行有限公司调换:023-61520678

献给

吉里安、蕾贝卡和切尔西

致　谢

一如既往地感谢Icon Books出版公司参与本书制作的优秀团队，尤其是邓肯·希思（Duncan Heath）。

感谢写过詹姆斯·克拉克·麦克斯韦的各位专家，以及詹姆斯·克拉克·麦克斯韦协会的戴维·福法（David Forfar）和约翰·阿瑟（John Arthur）的帮助。

目 录

妖之插曲 I　召唤妖

我欣赏妖鲜于在科普书的题目中出现，但在关于上帝粒子①的书里也没有就有些疏忽了。我就是一个妖。我听从可敬的、敬畏上帝的苏格兰教授詹姆斯·克拉克·麦克斯韦（James Clerk Maxwell）的召唤而来，并被他的同胞物理学家威廉·汤姆森（William Thomson）宣布为妖。如同宇宙中的诸多其他事物，我从热力学第二定律中诞生。

"热力学定律"似乎是蒸汽时代的无趣玩意儿，这也是它的起源。但是，第二定律决定了宇宙的运行方式。顺便提一下，严格地说，第二定律应该是第三定律。因为在第一、第二定律宣布之后，在它们之前增加了一个定律，为避免混乱，后者被命名为第零定律。第二定律有两种表达方式且都很简单，但这些简单的陈述却奠定了现实的基础和万物的命运。

第二定律决定了果必在因之后，第二定律决定了关于永动机的书只能放置于图书馆的小说类书架上。事实上，正是第二定律决定了你的世界中的时间流向（在我的世界里可灵活多了）。如果你能打破第二定律，你就能释放混乱、统治世界。作为妖，这听起来很有吸引力，也很合适，打破这个定律正是我的使命。

---

①给不熟悉这个名词的人介绍一下，它是希格斯玻色子的别称，该粒子于2012年由欧洲核子研究组织（CERN）利用强子对撞机发现并引起了公众的注意。给妖癖好者分享一则趣事：物理学家里昂·莱德曼（Leon Lederman）计划将自己研究此粒子的书命名为《该死的粒子》（*The Goddam Particle*），因为寻找希格斯粒子实在太痛苦。也许出于不敬，书名未被采纳，出版商最终选用了误导性的书名《上帝粒子》（*The God Particle*），这让大部分物理学家伤透了脑筋。

　　我的控罪书上是怎么写的？你可以说，这个定律规定热从一个较热的物体传递到一个较冷的物体；也可以说，熵——系统混乱程度的量度——总是增加或保持不变。但我的出现，正是为了挑战这个定律。你是否认为，这些物理学小定律被打破无关紧要？这可是解释了为什么玻璃杯掉到地面会打碎且永不能复原的定律。它使生命在地球上存在成为可能，它还预测了宇宙的终结。没有它，你生活中依赖的众多引擎都会发生故障——从汽车到电脑。所以，请尊重第二定律。

　　20世纪早期的英国物理学家和科普作家亚瑟·爱丁顿（Arthur Eddington）①说："如果有人告诉你，你钟爱的宇宙理论与麦克斯韦方程（麦克斯韦描述电磁关系的杰作）不一致——那么，麦克斯韦方程或许不妙了；你钟爱的宇宙理论与观察结果不一致——好吧，实验学家有时的确会将事情弄糟；你钟爱的宇宙理论违背了热力学第二定律，我敢断言你没希望了——它除了成为奇耻大辱之外别无他选。"

　　这为我拉开了帷幕，证明热力学第二定律可以被打破是我此生的唯一使命。我使热可以从较冷的地方传到较热的地方。对妖来说，减少这个世界的混乱水平可不是什么舒服的事。如果我成功了，自维多利亚时代以来的所有物理学家都将坠落至最深的耻辱。

　　我，就像丘吉尔说的那样，"迷雾重重、神秘莫测"。谁能找到打败我的钥匙，请君往下仔细阅读。但首先，我们需要去了解一下年轻的詹姆斯·克拉克·麦克斯韦。

　　冒着听起来像科学怪人的危险，准备好去见一见我的创造者。

---

①一个留着奇异胡须的男人，完全不像他的同胞。

1　彬彬有礼

詹姆斯·克拉克·麦克斯韦的早年生活，丝毫没有妖的迹象。这里，先解释一下他复杂的名字。多年来，那些写他的人对其名字称呼不一。一些人选择了克拉克·麦克斯韦，一些人选择了克拉克–麦克斯韦（这是他从未考虑过的连接方式），但他的姓并不是真的有两部分，"麦克斯韦"另有来历。

麦克斯韦的父亲原名约翰·克拉克（John Clerk），其家族的地位处于中上层阶级，拥有一段复杂的历史。麦克斯韦的一个远祖买下了广阔的苏格兰佩尼库克庄园并在1646年获得了男爵爵位①，另一个约翰·克拉克。他的第二个孙子娶了阿格尼丝·麦克斯韦（Agnes Maxwell），后者携来了同样广阔的米德尔比庄园作为嫁妆。多年来（多次表亲通婚后），"克拉克"这个姓总与佩尼库克庄园联系在一起，"麦克斯韦"总与米德尔比庄园联系在一起——当两个姓氏的表亲恰好联姻时，有时会采用"克拉克·麦克斯韦"这个姓。

到了麦克斯韦父亲那个时候，米德尔比庄园成了前身的一个影子，一个仅剩1500英亩（约607公顷）面积的"小"庄园，这也是其庄园距离米德尔比镇有30英里（约48公里）远的原因。庄园的其余部分被麦克斯韦的曾祖父卖掉，用于偿还采矿业和制造业的一些风险投资债务。约翰·克拉克的哥哥乔治（George）是主要继承人，但约翰的部分遗产

---

①我是妖——我将负责全书的脚注。关于脚注，有一些事情明显需要妖来干。一些人不熟悉英国爵位系统，男爵（骑士爵位）不能世袭。买一个男爵爵位似乎有些俗气，事实上，这完全出于募捐者詹姆斯一世（James I）的主意。

就是米德尔比庄园的剩余部分。这不是乔治·克拉克的慷慨之举。这笔遗产限定了米德尔比和佩尼库克不能合并——否则，他大概率会紧紧抓住不放。分割财产被认为是不良之举。约翰·克拉克收到这块地后，启用了传统的联合方式，将"麦克斯韦"放到了克拉克的后面。

麦克斯韦妖 爱丁堡和格伦莱尔

　　1831年6月13日，詹姆斯·克拉克·麦克斯韦出生于苏格兰爱丁堡（Edinburgh）印度街14号的父母家中——现在是詹姆斯·克拉克·麦克斯韦基金会的所在地。这是一栋三层楼高的联排别墅，位于皇后街（Queen Street）后面的一条鹅卵石铺成的街道上，皇后街是构成城市中心的三条平行道路之一。麦克斯韦出生较晚，也许是个被宠溺的孩子。他的母亲弗朗西丝·凯（Frances Cay）在失去了第一个孩子伊丽莎白（Elizabeth）后，将近40岁时才迎来了麦克斯韦的出生。

　　麦克斯韦的父亲约翰曾是一名成功的辩护人（苏格兰律师），但在麦克斯韦2岁时，约翰·克拉克·麦克斯韦已经适应了乡村地主的新角色。他们一家离开了爱丁堡的房子，但仍然拥有产权，麦克斯韦后来一直将其出租。米德尔比没有宏伟的庄园，更没有哥哥乔治的帕拉第奥式佩尼库克庄园气势恢宏[1]，约翰和弗朗西丝在农田附近安置了一间相对简陋的房子，命名为格伦莱尔（Glenlair）。

　　热闹的爱丁堡城和与世隔绝的米德尔比农村之间的社会距离，远不止80英里（约128公里）的实际路程。爱丁堡是一个现代的维多利亚时代的城市，鼓励科学和文学思想。米德尔比也许还停留在过去的两个世纪里。鉴于苏格兰农村地区的困难路况，80多英里的行程非常耗时——途经比托克的路线需要整整两天的时间，当时的车辆并不先进，沿途经

---

　　[1]佩尼库克庄园1899年遭到焚毁，2014年得到了部分重建，现在为游客开放。

常是走走停停。在麦克斯韦去世 3 年后，刘易斯·坎贝尔（Lewis Campbell）和威廉·加内特（William Garnett）（另一位英国电气工程师朋友）撰写的《麦克斯韦传》记述：

> 在乌尔谷（Vale of Urr），几乎无人知晓现代意义上的马车。一种带罩的二轮轻便马车是长途四轮马车最好的替代，而最活跃的交通工具是一种粗糙的狗车，俚语称"赫利（Hurly）"。

1841 年，为房子加盖附属建筑时，约翰不仅规划了所需的建筑材料，还绘制了供工人使用的施工图，这显示了约翰的天赋——他的儿子似乎也继承了这点。根据麦克斯韦早期传记作者的说法，约翰虽然是律师，但不做律师事务时会间歇性地涉足"科学实验"。他甚至在《爱丁堡新哲学杂志》（*The Edinburgh New Philosophical Journal*）上发表过一篇关于自动打印装置的论文，题为《将机械与机械印刷相结合的计划纲要》。约翰·克拉克·麦克斯韦正是这样一位鼓励儿子对自然世界产生兴趣的父亲。

麦克斯韦是那个时代富裕家庭的孩子，前 8 年一直过着诗意的田园生活。他的父母给了他极大的自由，既不阻止他与当地的农家孩子玩耍，也不纠正他从朋友那里学来的浓重的加洛韦口音，这势必给他们的阶级意识带来了压力。事实上，对于一个维多利亚时代的家庭来说，他们似乎异常朴实无华①。他们家几乎没有"拘谨"的容身之地，充满了幽默，这种生活方式让后来的麦克斯韦受益匪浅。

这座庄园沿着弯弯曲曲的乌尔河岸而建，与河边的荒地和农田完美融合。在房子外的草场边缘有一条小溪，是乌尔河的支流。麦克斯韦在小溪边挖了一个水塘，当作自己的游泳池。虽然溪水在炎炎夏日也冰凉刺骨，但对年轻的麦克斯韦充满了巨大的诱惑。

---

①严格地说，维多利亚时代始于麦克斯韦 6 岁那年。

因为他们相对富裕，麦克斯韦的父母可以轻松地为儿子请到一位家庭教师。《弗兰肯斯坦》（*Frankenstein*，又名《科学怪人》）的作者玛丽·戈德温（Mary Godwin）［后来的玛丽·雪莱（Mary Shelley）］小的时候，她的家庭被描述为"收入非常有限"，但她的兄弟们都被送到了寄宿学校，她也有"音乐和绘画方面的家庭女教师"。麦克斯韦一家比戈德温一家富裕多了，但相对于当时的富裕家庭，弗朗西丝对孩子表现出了不同寻常的兴趣——亲自辅导麦克斯韦的学业。不过，世事难料。1839年，年仅47岁的弗朗西丝死于腹腔癌，这一定让8岁大的詹姆斯的世界跌入了谷底。

父亲约翰尊重弗朗西丝亲自辅导孩子的意愿，但他自己没办法亲力亲为。虽然允许小麦克斯韦和当地的同龄人一起玩，但约翰不想让儿子就读这里的学校，附近学校的教育水平实在有限。有一段时间，约翰曾试着让一个刚满16岁的年轻人做儿子的家教。这个少年既没有天赋也没有经验让聪明好奇的小麦克斯韦对学习产生兴趣，他的努力惨遭失败。麦克斯韦变得很难相处，不愿接受他的引导。

事实是，即使以那时的标准衡量，这名家教也很粗暴（麦克斯韦后来甚至不愿提他的名字）。显然，被尺子打头、揪耳朵直至流血是常事。正如当时熟悉他的传记作者所言，这种严酷造成的影响"存在于某种犹豫不决的态度和含糊不清的回答中，麦克斯韦久久不能释怀，如果他确实曾经完全克服过的话"。

在那段困难时期，在庄园里自由漫步、近距离观察自然成了麦克斯韦的爱好。这是他父亲一直鼓励的事情，麦克斯韦对自然界的色彩变化尤为着迷。他对水晶特别感兴趣，着迷于它们的颜色在压力下会发生变化。他父亲的朋友休·布莱克本（Hugh Blackburn）是格拉斯哥大学的教授，又给他增加了一个新奇的乐趣，让麦克斯韦协助他在格伦莱尔庄园放飞了一系列的热气球。

麦克斯韦有着年轻人惯有的好奇心。据早期传记记载，他最喜欢的口头禅是"让我看看它是怎么做的"和"原理是什么"。这种对身边世界的强烈好奇心在年轻人身上很自然，但许多人在中学阶段会渐渐失去——与小学的孩子交流，你会很容易地察觉到他们对科学的浓厚兴趣。麦克斯韦在余生中一直保持着孩子般的好奇心。

学业

很明显，试图用不合格的导师解决麦克斯韦的教育问题是一场不可持续的灾难。弗朗西丝的姐姐，住在爱丁堡的简·凯（Jane Cay）拯救了麦克斯韦。她向约翰建议，麦克斯韦可以到城里和约翰的未婚姐姐伊莎贝拉（Isabella）一起生活。伊莎贝拉的房子地理位置优越，步行可以到著名的爱丁堡学院（Edinburgh Academy）——麦克斯韦可以接受正规的教育，在学期内由姑姑照顾其生活，假期可以回到格伦莱尔庄园自由玩耍。不过，父亲并没有将麦克斯韦完全丢给姑姑照顾——尤其在冬天，约翰·克拉克·麦克斯韦会定期去爱丁堡与儿子共处一晚。

格伦莱尔并不是一座宏伟的贵族式乡间别墅——实际上，它是一座大型农舍①，麦克斯韦在19世纪60年代对其作了大幅扩建。它足够大且不失温馨，可以招待客人，也可以为麦克斯韦成年后的科学探索提供空间。在麦克斯韦的一生中，格伦莱尔一直是其重要的活动中心②。

尽管一些人认为他是受到家庭教师的虐待而变得犹豫不决，但麦克斯韦似乎并不是一个敏感的孩子。10岁那年，他第一次被送进爱丁堡学院时的遭遇似乎能说明问题。学校的孩子大多喜欢嘲讽那些与众不同的人，麦克斯韦为他们提供了丰富的素材——尤其是因为一年级的班级满

---

①麦克斯韦并不是第一个在有着超越现实气质和优雅房子里长大的伟大物理学家。牛顿童年的家，令人印象深刻的伍尔斯特霍普庄园（Woolsthorpe Manor）也是一个普通的大型农庄。有趣的是，我们可以借此推测，农场的实践生活是否有助于我们对周围的世界产生兴趣。

②麦克斯韦一生曾居住过的房屋大部分保持着良好的状态，但20世纪20年代的一场大火让格伦莱尔庄园大部分变成了废墟。不过，房屋最古老的部分仍可居住并在20世纪90年代得到翻新。

员，麦克斯韦被直接塞进了年龄较大、成绩较好的高年级男孩中。

乡村口音让年轻的麦克斯韦成为笑柄；初抵学校时的呢子外套、褶皱领衬衫与黄铜扣鞋的搭配，让他看起来像一个古董。麦克斯韦说，他第一天回到家时，外衣已变成了破布，但他并未受到惊吓。

爱丁堡学院是一所相对较新的学校，在麦克斯韦第一次上学时，它刚成立18年。它的创办初衷是为了与英国公立学校开展的古典教育竞争。那时，爱丁堡学院的教学重点仍然是严明的纪律和古典文学，但会涉及一些数学，科学更少一些。正如童子军运动创始人罗伯特·巴登-鲍威尔（Robert Baden-Powell）在1832年的评论："科学知识正在迅速地在除高阶级以外的所有阶级中传播，其结果必然是，高阶级不会长久地保持下去。"

拥有有限的课程似乎是公立学校引以为傲的标志。19世纪初，伦敦著名的圣保罗学校（St Paul's School）校长约翰·斯莱思（John Sleath）写信给自己的父母："在圣保罗学校，我们只教古典文学，拉丁语和希腊语。如果你想让孩子学其他的东西，只能在家里自学，为此我们每周可给孩子三次半日假。"

这一时期，公立学校不再是卓越的学术中心。例如，拉格比公学（Rugby School）的学生囚禁了他们的校长，学校根据《反暴动法》进行武装营救后才将学生降服。由于鲜有家长监督，许多学校，乃至大名鼎鼎的学校，也只提供粗劣的教育。在伊顿（Eton）公学，为了节约人力成本，甚至将男生分成近200人的小组集中教学。虽然爱丁堡学院的条件相对好一些，但在麦克斯韦早年，班级里的学生人数仍然超出了60。

不过，教育系统的改革正在进行，"现代"替代"经典（古典文学）"的机会越来越多。与大部分守旧的英国同行相比，爱丁堡学院使用了更新的方法。即使如此，习惯按自己节奏思考的麦克斯韦仍然不适应学校生活的压力，学习成效进步缓慢。加之乡村口音，他得到了"笨蛋"的绰号，即便在他显现出极佳的学术天赋后也未能摆脱掉。无疑，离开熟悉的家乡，让麦克斯韦花了很长一段时间适应。一名同学称他为

"一台开足马力的火车头，但车轮并未抓紧轨道①"。

学校里的麦克斯韦并不是个完全的独行侠，他只是喜欢独行其是——如果别人想拉他入伙，也并非不可，只是他并不急于顺应。值得庆幸的是，当意识到他的穿着显得有些古怪后，他的姑姑很快为他添置了得体的衣服。麦克斯韦舒服地生活在伊莎贝拉家，她家位于赫里奥特街（Heriot Row）31号，是一幢四层楼高的灰色联排别墅，漂亮的房子前面还有一个小公园。他可以去探索这栋寓所的"优秀图书馆"，以及爱丁堡的自然世界为他提供的观察对象。虽然学校招收寄宿生，但也有日校生，麦克斯韦就是其中一员。

随着时间的推移，麦克斯韦在学校接触的人越来越多。刘易斯·坎贝尔与他志同道合，他搬到了赫里奥特街的附近居住。很快，两个男孩就一起上下学，建立了持续终生的紧密联系。当时，他们已经到了学数学的年龄，学校在有限的古典文学课程中增加了这门课程，但前两年不用上。麦克斯韦发现自己擅长这门学科，还发现这是他和坎贝尔的共同爱好（在解决数学问题的能力上，有一定的竞争）。

一旦突破了障碍，获得对科学和自然界感兴趣的朋友似乎变得容易起来，尤其是与彼得·泰特（Peter Tait）的友谊。作为麦克斯韦的另一位终生好友，泰特后来成为了苏格兰著名的物理学教授。早期的职业生涯，他曾击败过麦克斯韦夺得了一个学术职位。在学校里，麦克斯韦1846年的数学成绩仅次于泰特，但在1847年实现了超越。有了泰特和坎贝尔的小团体，麦克斯韦更热衷于解决数学和物理难题，这启发他在14岁时就写出了自己的第一篇学术论文——即便他的探索既有科学也有艺术。

---

①对于麦克斯韦在爱丁堡学院的同龄人来说，这是一个时髦的比喻，麦克斯韦上学始于1842年，距离世界上第一条蒸汽铁路（利物浦和曼彻斯特铁路）开通仅12年。很可能，当时的铁路对学童的吸引力就像现代的太空旅行。

年轻的数学家

麦克斯韦的父亲经常带他参加爱丁堡皇家学会（the Royal Society of Edinburgh）和苏格兰皇家艺术学会（the Royal Scottish Society of Arts, RSSA）的会议。正是在那里，麦克斯韦得以熟悉了当地艺术家戴维·拉姆斯·海伊（David Ramsay Hay）的作品。麦克斯韦在海伊的哲学中发现了一个与自己共鸣的观点——既喜欢自然之美，又喜欢将科学测量方法应用于自然。后来，麦克斯韦花了很多精力研究颜色的本质和色觉——海伊着迷于色彩之美的数学表征。此外，海伊对形状的数学表征也很好奇，麦克斯韦的论文似乎正是在这里获得了灵感。海伊在RSSA发表了一篇关于"描述一个绘制完美卵圆形的机器"的论文。麦克斯韦的论文则是关于"可以用铅笔、线和别针画的曲线，如椭圆形"。

麦克斯韦的实验仪器类似于20世纪60年代流行的万花尺玩具的原始版本。将别针穿过一张纸并固定在下方的卡片上，再将一根长长的线绕在别针上，稍微用力就能画出简单的几何图形——用一根别针能画出圆形；两根别针能画出椭圆形。这些都是标准的学校课程，但麦克斯韦更进了一步——他研究了将线绑在一根或两根别针和铅笔上的情况，允许线可以在每根别针上绕不同的圈数，并设计出一个方程将圈数、别针之间的距离和线的长度联系起来。

麦克斯韦给父亲分享了他的作品，父亲将其展示给自己的朋友、爱丁堡大学（Edinburgh University）自然哲学教授詹姆斯·福布斯（James Forbes）[1]。福布斯对这一天才少年的工作非常着迷，他请来了大学里的一位数学家菲利普·凯兰德（Philip Kelland），凯兰德通过文献检查了前

---

[1]自然哲学在19世纪之前是科学的统称。初期，科学只代表一个知识主题；后来，我们将科学实践者称为自然哲学家。随着哲学成为一门越来越具体的学科，自然哲学变为了自然科学，一些老牌大学今天仍然使用着旧的术语（自然哲学）。

人的工作①。凯兰德发现，虽然法国科学家和哲学家勒内·笛卡尔（René Descartes）也做过一些类似的工作，但麦克斯韦的方法更简单易懂，且比笛卡尔发表的结果更具有普遍性。

鉴于年轻的麦克斯韦工作的独创性，福布斯不打算让这份努力只得到一个拍脑袋的鼓励。1846年4月，他设法将麦克斯韦的论文提交给了爱丁堡皇家学会，正式标题为《对具有多个焦点和各种比例半径的外切形的观察》。14岁的麦克斯韦无法亲自提交论文，因为他太年轻且不是会员，但他经常和父亲一起参加皇家学会的会议。这次，他出席了会议，听到了自己的研究报告被宣读。这篇论文很受欢迎，也巩固了麦克斯韦日益增长的信心，即自己的未来是科学和数学。这篇论文太长，无法在此重现，下面引用了开篇的一段话，可以一睹年轻的麦克斯韦的早熟（长篇大论）作品：

> 前段时间，我比较了圆和椭圆，并思考了椭圆的常用绘制方法，即用两端固定在焦点的给定长度的绳索进行绘制。这种方法的原理在于从焦点到圆周上任何点所画的两条线的总和是一个恒定的量。我突然想到，半径之和恒定是所有外切形的基本条件，焦点可以是任何数量，且半径可以有不同的比例。

麦克斯韦一定高兴于看到像爱丁堡皇家学会这样的专业机构如此描述自己的工作："克拉克·麦克斯韦先生独具匠心地提出将圆锥截面的共同理论扩展到复杂程度更高的曲线上，其方式如下……"虽然麦克斯韦继续接受着通识教育，但他开始贪婪地阅读科学巨匠的书和论文，尤其热衷于自学成才的英国科学家迈克尔·法拉第（Michael Faraday）。当时，法拉第已经成为伦敦的皇家科学研究所的领军人物。

---

①当时没有网络搜索，这需要查阅大量书和期刊。

麦克斯韦妖 牧师和乡绅

今天的人们倾向于对科学和宗教作出明确的区分，但麦克斯韦来自英国传统的最后一代，他们不会认为科学与宗教有冲突。如他之前的诸多科学巨匠（包括法拉第、牛顿），麦克斯韦持有颇深的宗教信仰。假期，他会离开爱丁堡，回到格伦莱尔的家中。家人和仆人每天都会一起祈祷，每周日都会跋涉5英里（约8公里）的路途前往苏格兰长老会的帕顿教堂（Parton Kirk）——他的母亲就葬在那里，那是老教堂遗址内的一座坟墓，最终还会埋葬他的父亲、麦克斯韦本人及其遗孀。在爱丁堡时，姨妈简保留了这一仪式，带着他前往圣公会和长老会的教堂，巩固了麦克斯韦坚持一生的宗教信仰。

无论学生时代还是教授生涯，在格伦莱尔定期休息一直是麦克斯韦必不可少的调节，这能让他暂时脱离喧嚣的城市或严谨的学术机构。他的朋友彼得·泰特在为麦克斯韦写的讣告中评论了他的童年时光：

> 偶尔的假期，他听古老的歌谣，画奇怪的图表，制作粗糙[①]的机械模型。他对这些追求的沉迷，同学们几乎不能理解，也为他赢得了一个不得意的绰号……

无论他成年后在哪里工作——阿伯丁、伦敦和剑桥——麦克斯韦的夏天总在格伦莱尔庄园度过。在家时，麦克斯韦是那个时代典型的乡村绅士——除了他对大自然不同寻常的兴趣和热情。与他同时代的大多数人不同，麦克斯韦从不参与狩猎和射击。

尽管他继续和伊莎贝拉姑妈住在赫里奥特街31号，但麦克斯韦受家

---

①这是典型的麦克斯韦朋友圈的幽默：此处"粗糙"的意思是"原始和现成的"，这里引用了莎士比亚的说法"粗糙的机械（《仲夏夜之梦》）"。

庭的影响即将减弱，因为他16岁时从爱丁堡学院转到了爱丁堡大学。在清楚地展现了数学天赋后，他将目光投向了数学或科学事业。当时，像迈克尔·法拉第以及法拉第的前上司汉弗莱·戴维爵士（Sir Humphry Davy）这样的职业科学家只是少数。"科学家"这个词在1834年麦克斯韦3岁时才首次被创造出来，一段时间后才逐渐流行。其间，科学家的另一些称呼是"科学匠"和"科学人"。麦克斯韦通常被认为是第一批真正的现代科学家之一。

当然，这可不是说乡绅贵族不参与科学，只是像麦克斯韦这样身份的人更可能将从事科学工作当作一种娱乐，一种打发时间的爱好，麦克斯韦的初衷是跟随父亲进入法律界。当时的爱丁堡大学仍在使用传统大学课程中过时的广义教学法，所以其学位课程中既有数学也有自然哲学（科学）的内容。从1847年11月麦克斯韦写给刘易斯·坎贝尔的一封信中可以看出，数学和科学是他兴趣的主要部分：

> 正如你所说，先生，我没有闲着。我看笔记之类的东西，一直到9时35分，然后去教学楼。我总是走同一条路，在同一个地方过马路。10时，凯兰德（数学讲师，菲利普·凯兰德）来上课，他给我们讲算术和共同的最佳规则。11时，福布斯（物理学教授，麦克斯韦父亲的朋友）来上课，他讲完了导论和物体的性质，接着认真讲《力学》。12时，如果天气好，我就在草地上散步；如果天气不好，我就去图书馆查阅参考资料。13时，我去上逻辑学（与威廉·哈密顿爵士一起）。

在他的信中，唯一提到古典文学的是："我打算在旁边读几本希腊文和拉丁文的教科书。"古典文学是大多数大学课程的必修课程。他的信从未提到法律——这将在他修完大学学位之后被拾起。

最重要的是，在詹姆斯·福布斯教授的鼓励下，麦克斯韦偶尔可以使用大学里有限的实验室设备（很可能是一栋外围建筑，1847年爱丁堡大学尚无专门的实验室）。正是在这里（实验室）、在假期的格伦莱尔的工作间，在大学里接受的逻辑学和自然哲学的正规训练使麦克斯韦无序的、年轻的科学好奇心锻造为一流的科学大脑。

斯麦 大学生活
韦克
妖

当时，麦克斯韦在学院被嘲笑的一些个人怪癖仍然延续至大学。他早期的传记作者指出："进入爱丁堡大学，詹姆斯·克拉克·麦克斯韦因其独创和简单的个性，引起了同学中一些比较传统的人的关注。他与人谈话的回答间接而神秘，态度犹豫不决、语气单调。"虽然他渐渐地摆脱了这种情况，但相对节俭、喜欢乘坐三等火车车厢，以及在餐桌上沉思的习惯伴其终生。

爱丁堡大学的实验课程很有限，甚至接近于业余。麦克斯韦在给朋友刘易斯·坎贝尔的信中指出：

> 星期六，自然哲学家带着气压计跑上了亚瑟王座山（Arthur's Seat）。教授（大约是福布斯）把它架在山顶，让我们对着它喘气，直到水一滴一滴地流下来。他没把气压计调好，使山的高度高了50英尺（约15米），但我们又把高度降了下来。

他所说的气压计很可能是一个能测量大气压力的倒置水银管，可以用来计算爱丁堡那块著名岩石的海拔高度。

在同一封信中，麦克斯韦首次提到了一个将与他大半生为伴的魔鬼——不是本书的挂名妖。他写道：

> 然后是一个魔鬼游戏，"它"有两根或四根棍子，可以一起玩或者分开玩。我可以跳过"它"，让"它"待在身边，"手"不离开

棍子，我还可以让"它"跟在我身后。

这指的是一种被称为"魔鬼双棍"的游戏，现在更多被称为"空竹"，空竹有一个尖对尖的双锥体，用两根木棍之间的绳子将之悬在空中。

在职业生涯的大部分时间，麦克斯韦在家庭实验室进行了一系列的实验，以支撑自己的学术研究，那里有比爱丁堡大学更好的设备。直到他加入剑桥著名的卡文迪许实验室（见第8章），他才终于有机会接触到一个以大学为基础的专业实验室。在爱丁堡大学期间，他在格伦莱尔的盥洗室上方的阁楼组建了一个小型实验室。1848年夏天，17岁的麦克斯韦写信给刘易斯·坎贝尔：

> 我经常在大门口盥洗室上面的阁楼里设立工作室。有一扇旧门，镶嵌在两个木桶上；有两把椅子，其中一把是安全的；上面还有一个天窗，能上下滑动。
>
> 在门（或桌子）上，（原文如此）有许多碗、壶、盘子、果酱罐①等，装着水、盐、苏打水、硫酸、蓝矾②、石墨矿石③，还有碎玻璃、铁线和铜线、铜板和锌板、蜂蜡、密封蜡、黏土、松香、木炭、透镜、伽伐尼仪器（Smee's Galvanic apparatus）④，还有无数种小甲虫、蜘蛛和木虱，它们掉进不同的液体里，毒死了自己……我正用甲虫的身体制作铜封。首先，我认为甲虫是一个很好的导体，所以我把一只已死亡的甲虫嵌在蜡里，把它的背留在外面，但

---

①没有听起来那么激动人心：没有什么比果酱罐更有异国情调了。

②一种鲜蓝色的化合物，硫酸铜。

③石墨，这个名字令人困惑，让人联想到拉丁语中的铅。该矿石常被混淆为铅矿或方铅矿，因为它们都被发现于闪亮的黑色矿床——因此，我们仍然将铅笔中的石墨称为铅。

④这无疑是麦克斯韦设备中的亮点，这是一个令人印象深刻的桃心木框架的六芯电池，零售价为3英镑10先令。该设备的广告宣称"它可以将4英寸（约10厘米）长的铂金线加热至红，将铁线熔断，让一块足够强的电磁铁承受数百磅的重量"。

很难做到。

虽然麦克斯韦在那个夏天忙着自己的实验，但并不妨碍他撰写高度数学化的论文。自14岁在爱丁堡皇家学会取得第一次成功后，他一直坚持着这个习惯，尽管这些文章通常只是朋友们阅读。然而，1848年，他写了一篇长达22页的论文《论滚动曲线的理论》（*On the Theory of Rolling Curves*），并于次年发表于爱丁堡皇家学会的《爱丁堡皇家学会会刊》（*Transactions of the Royal Society of Edinburgh*）。这篇论文结合了几何学、一些复杂的代数、微积分，描述了一条曲线如何沿着另一条曲线（"固定在纸上"）滚动产生第三条曲线。

根据坎贝尔和加内特的传记，麦克斯韦说自己决定从法律转到科学是为了追求"另一种法律"。大多数本科生都满足于大学设定的教学计划，麦克斯韦不局限于此——他将自己的探索做到最佳，继续着早期的实验，作了一些改进，在关于应力和偏振光的研究中表现得尤为突出。

麦克斯韦妖 一种特殊的光

麦克斯韦在学校时就接触到了偏振——光波振荡方向的变化，可以被特殊材料分开。他的舅舅约翰·凯（John Cay）带着麦克斯韦和刘易斯·坎贝尔拜访了光学专家威廉·尼科尔（William Nicol），后者找到了一种可以任意产生偏振光的方法。

偏振的概念可追溯至1669年，当时，丹麦自然哲学家伊拉斯谟·巴托林（Erasmus Bartholin）率先解释了一种名为冰洲石（Iceland spar）的奇特晶体的工作原理。它是方解石（结晶性碳酸钙）的一种。透过它，你能看到物体呈双重影像，相互之间可以切换。这种现象已存在了几个世纪，甚至有人认为，维京人也许使用了含有冰洲石的"太阳石"作为估算距离的导航装置。巴托林意识到，水晶能折射出两种不同形式的光，而这两种光都存在于普通阳光中。

19世纪初，当托马斯·杨（Thomas Young）证明了光是一种在前进时左右振荡的波（横向波或横波）时，法国物理学家奥古斯丁·菲涅耳（Augustin Fresnel）意识到，这为冰洲石的特殊能力提供了解释。从太阳等光源发出的光波会向各个方向运动——有的从一边扩散到另一边，有的上下摆动。事实上，光的波动可以发生在与光束行进方向成直角的任何方向上。如果晶体将不同方向的波分割开来——侧向扩散的方向被描述为它的偏振方向——这两幅图像也许就是晶体将两种不同偏振方向的光分开的结果。

麦克斯韦的舅舅约翰·凯带着他和他的朋友拜访威廉·尼科尔时，他们看到了用冰洲石制成的棱镜，这种棱镜的效果是只分离出一种偏振光（有一段时间，这些光学装置被称为尼科尔棱镜，以其制作者命名）。这似乎激发了在爱丁堡大学读书的麦克斯韦的灵感，偏振光很快成为了他业余实验的重心。众所周知，当这种光通过普通玻璃时，影响相对较小。但是，如果将同样的光照射在未退火的玻璃（被加热到发光后又很快冷却的玻璃）上，偏振光会产生彩色图案，这是玻璃的内应力造成的。

最初，麦克斯韦用窗户玻璃片做实验。他把玻璃片加热到红热，然后迅速冷却①。在给刘易斯·坎贝尔的信中，他写道：

> 我用钻石把玻璃切割为三角形、正方形等，大约八九种，然后把它们带到厨房，放在一块铁片上，在火上一个一个地烧。等到玻璃片变红了，我把它丢到铁屑盘里冷却，如此反复，直至全部完成。

为了产生偏振光，他自制了一个偏振器——用一个火柴盒，里面放

---

①不要在家里尝试，因为玻璃很可能会炸裂。当时，麦克斯韦似乎并不关心个人的健康和安全。

玻璃片以产生反射光（反射光部分偏振）。他还尝试用结晶硝石（硝酸钾）制作偏振片。麦克斯韦把他从加热再冷却的窗户玻璃片中得到的鲜艳图案画成了水彩画，其中一些寄给了威廉·尼科尔。这给尼科尔留下了深刻的印象，他给麦克斯韦寄了一对高光学精度的尼科尔棱镜，这种棱镜产生的偏振光比麦克斯韦自制的火柴盒装置好得多。

从工程角度看，了解物体内部的应力对预测它在使用时承受的应变至关重要。麦克斯韦认为，如果可以用一种透明材料制成主梁，就能用偏振光研究主梁承受载荷时的内部应力。显然，这对真正的铁或钢梁不适用，但如果能用合适的透明材料建造一个模型，就能发现结构中应力的形成方式以及应力在载荷下的变化，从而降低结构倒塌的风险。

麦克斯韦设计的这种"光弹性"方法至今仍被工程师们使用，遗憾的是，玻璃对应变的反应并不好，当时尚无今天使用的透明塑料和树脂。他曾尝试用甲虫作为电气工具箱的一部分，并抱着将就凑合的想法，从格伦莱尔厨房弄来一些明胶，制成了透明的果冻形状。后来，麦克斯韦高兴地发现，在施加压力后，果冻模型产生的正是他所希望的应力模式。

通往剑桥之路

在不做实验的时候，麦克斯韦会研究众多的物理命题或他和朋友们口中的"道具"。他喜欢研究平凡的物体并试图从中推导出一些有趣的东西。有时，这会显得怪异。例如，1849年10月，他在格伦莱尔的一封信中写道："我刚用一个装着糖浆的碟子观测到了纬度，但风很大。"

除了实验研究，麦克斯韦在本科生时就对别针和线的数学论文以及相关课题进行了跟踪研究。这一时期，他最杰出的尝试是对光弹性技术观察到的应力模式进行数学分析推导。他实证了这些数学公式可以涵盖不同的三维形状，如圆柱体和梁。这对于经验有限的人来说是个了不起的成就，但他发现，仅是仔细做实验并提出能成功描述实验的数学公式还不够。重要的是，能将自己的科学发现有效地向外传达。他把自己的工作详细记录，并请福布斯教授将其提交给爱丁堡皇家学会。

福布斯对年轻的麦克斯韦在数学领域的冒险有着深刻印象，但这篇新论文直接地冲击了自己的领域，此时的麦克斯韦已接近成年。福布斯不喜欢麦克斯韦的写作风格，这篇论文的审稿人是麦克斯韦的数学讲师菲利普·凯兰德。福布斯评论，"凯兰德教授抱怨，几个部分非常晦涩难懂。在论证中，假设的部分和证明的部分转换太突然且缺乏区分"。

福布斯教授接着评论："仅发表一篇供一般读者阅读的论文价值不大，因为像凯兰德教授这样的代数专家在许多地方也无法跟上这些步骤……如果这些步骤为真……"对于初学者来说，这种批评是致命的，很容易被看作个人攻击，但它却促使了麦克斯韦科学论文写作的进步——他分析措辞、结构，分析如何写作更有效，并将其融入自己的写作风格。虽然他并未成为文章大师，但在这之后，他的论文的确更加清晰明了、质量大大提高。

基于麦克斯韦的个性，他能很好地适应这种方式的建设性批评。他似乎有一个理想的平衡，既能自由地进行实验和尝试，又能坦然面对准备指出他的失败并帮助他克服失败的同行。就像他的科学英雄迈克尔·法拉第一样，麦克斯韦从未让自己陷入伦敦的汉弗莱·戴维爵士以及自己晚年笔友威廉·汤姆森（后来的威廉爵士、开尔文勋爵）那样的装腔作势。麦克斯韦的宗教修养、乡间的生活经历，以及平易近人的幽默似乎保护了他，他从未对自己的重要性产生过度膨胀。

麦克斯韦那篇关于在光弹性实验中观察到应力的数学论文最初于1849年12月提交给福布斯教授。接受了福布斯和凯兰德的反馈意见后，麦克斯韦于1850年春重新撰写，新版作了大量的修改，并于当年发表在《爱丁堡皇家学会会刊》上。这是一篇长论文，43页，结合了麦克斯韦的实验观察以及广泛的数学分析。

虽然爱丁堡大学在麦克斯韦推进科学思考方面给予了较大的自由

度，但取得学位后走向法律事业这种想法似乎还未改变。正如他在1850年3月22日写给刘易斯·坎贝尔的信：

> 我有马上阅读《法典》（*Corpus Juris*）和《法令大全》（*Pandects*）（为他的法律学习）的想法，但现在似乎变得遥遥无期，因为剑桥计划已提上日程，审视剑桥日程表以及与"Cantabs"①的交流走得太远。

麦克斯韦做出了决定，虽然已在爱丁堡大学就读三年且尚未取得学位，但他渴求更深入的科学和数学学习。于是，他申请到剑桥的彼得豪斯学院（Peterhouse college, Cambridge），他的朋友彼得·泰特已经去了那里。类似案例并不少见，泰特只在爱丁堡一年就去了剑桥，另一位朋友阿兰·斯图尔特（Allan Stewart）在爱丁堡两年后去了剑桥。这样的转学需要麦克斯韦父亲的全力支持，这显然不是问题。1850年10月18日，约翰·克拉克·麦克斯韦和儿子一起前往剑桥，年轻的科学家开启了他的下一段学术旅程。

---

①剑桥大学，拉丁文名字的缩写。

妖之插曲Ⅱ 电与磁的相遇

我（妖）的创造者安全地踏上了前往剑桥的路，这是个好机会，可以给大家介绍一个主题背景，也是"吉米（JCM）"①生活的主题，电磁学。虽然我认为JCM对热力学和统计力学领域的兴趣使其独具价值，但客观的观察者②会认为他的电磁学贡献闻名遐迩。

在人们还懵懂无知时，电和磁就被认为是奇怪的两种不同的自然现象③。"电"和"电子"都来自拉丁语中的"electrum"，即"琥珀"（这个名字来自希腊语中一个近义词）。

自然电现象

琥珀被摩擦时会产生静电，就像气球在头发上摩擦会带电一样。这种所谓的摩擦生电效应是指电子在摩擦过程中变松动，使被摩擦的物体和摩擦的物体各自带有相反的电荷。电引力（Electrical attraction）意味着气球可以通过感应电荷吸住很轻的物体，甚至可以产生微小的火花。感应这个概念在电学上的使用非常频繁——简单地说，如果你把带电的东西带到一个物体附近，它会倾向于排斥该物体中带有相同电荷的粒

---

①对我来说，麦克斯韦永远是"吉米"或"吉姆"，但这个称呼得罪了我的编辑，后文我将称他为JCM。

②不是妖。

③奇怪的是，人类还在分开地教年幼的孩子认识电和磁。

子，这样物体相对的一面会带有相反的电荷，使物体（也许是一张小纸片）被吸引。

摩擦生电效应还能解释更大范围的电荷积累现象，如自然界的闪电。有必要花点时间让大家感受下人们对闪电的早期印象。

闪电似乎是第一种被人类观察到的电现象，因宏大场面致使其初期被贴上了"易怒之神"的标签。现在著名的"雷神"也许是相对较晚的北欧"雷神托尔"，这得归功于有高预算的超级英雄电影。不过，更早的时候，对希腊人来说，闪电投掷的力量由宙斯掌握；对罗马人来说，是朱庇特。毫无疑问，还有很多的闪电之神。当时，闪电就像天空中出现的其他奇怪现象（如彗星和红月）一样，被认为是对即将发生的可怕事件的警告。例如，在公元1世纪，老普林尼（Pliny the Elder）曾说，"雷雨是可怕和被诅咒的预兆"。

人们对闪电的迷信看法并不奇怪，这是大多数人都会经历的引人注目的自然现象。闪电是自然界中最常见的"巨兽"，同一时间发生于世界各地的闪电总计有约1800个。此外，闪电不仅在听觉和视觉上令人印象深刻，它还具有摧毁树木和致人死亡的能力。

早期，有一个与闪电相关的传说，它不会在同一地方打两次。英国一些农村地区曾兴盛一种被称为"雷电石买卖"的贸易。这些石头的中间有个洞，人们将其买回放在自家房屋的烟囱上以作庇护。人们认为，石头已被闪电击中过，中间才有洞，故而雷电不会再次击中烟囱，不会打破"两次击中同一地方"的规则。

遗憾的是，这个民间防雷经验有两个问题。第一个问题是，闪电乐于两次击中同一地方且经常如此。如果一个地点容易遭受雷击，一天之内被雷击多次也属正常。例如，帝国大厦在一次暴风雨中就遭受了多次雷击。细想，如果要求闪电永不回到同一地方，它必须拥有意识，还要接受指挥。

不过，令人印象深刻的多次雷击的例子，也许不是在建筑物上，而是发生在美国公园护林员罗伊·沙利文（Roy Sullivan）的身上。沙利文作为被雷击次数最多的人，载入了吉尼斯纪录——经历7次雷击而幸免于难。第二个问题是，这些不寻常的结构（有洞的石头）并非闪电造成——它们是石器时代的锤子残骸，其木质手柄和皮带早已腐烂。

雷和闪电几乎是可以互换的，因为今天的我们知道雷只是闪电撕开空气所产生的噪声——传统上，它们被认为是有联系但又独立的事件，因为它们之间有可变的时间差。实际上，光的速度为299792458米/秒，与之相比，声音在海平面上的速度只有343米/秒。

很难想象，气球在头发上摩擦的模型与闪电有什么关系。事实上，闪电的产生并不那么确定——只是自20世纪50年代以来，人们普遍支持的模型是摩擦生电。雷云中有冰颗粒物、过冷的水滴以及霰（微型冰雹石），当较暖的和较冷的气流相互碰撞时，所有这些颗粒会在云层中搅动和碰撞。人们认为，这个过程中，较重的霰会得到负电荷。当霰向云的底部下沉，而较轻的、带正电荷的颗粒上升时，电荷就会分离。这种类似传送带的过程会频繁发生，逐渐建立起越来越大的电势差。

一些科学家认为，在引发闪电的问题上，宇宙射线也发挥了作用。宇宙射线是高能带电粒子流，它们以火箭般的速度向地球飞来，但大多数遭到了地球磁场和大气层的阻挡。俄罗斯研究人员认为，宇宙射线可能会产生电子流，随着冰粒子的循环而建立链式反应。不过，也有一些科学家对这种机制表示怀疑。

麦克斯韦妖　从天空到实验室

不过，可以肯定的是，闪电是一种类似于摩擦气球的过程所产生的放电现象——这种放电具有惊人的威力。18世纪的美国记者、外交官、科学家本杰明·富兰克林（Benjamin Franklin）因在雷雨中放风筝而闻名，风筝线上拴有一把钥匙。他在1750年详细记录了这个实验，不过，这个危险的操作也许是他安排别人做的。

富兰克林不太可能像传说中的那样，放飞风筝，等着它被闪电击中。可能的是，他建议利用雷云中的电荷，即通过感应使电荷在钥匙上积聚但不引发雷击。然后，他将钥匙上的电荷传递到一个莱顿瓶（Leiden jar）（一种早期的储电方法）里，从而证明来自暴风雨的电荷和看似被驯服的地面上的各种电荷并无差别。

显然，一定有人尝试过富兰克林所描述的实验，它有着惊人的危险性。一道典型闪电中的能量也许有5亿焦耳，一个10瓦的灯泡运行1秒钟仅需要10焦耳的能量。闪电中的能量更像是一个中型发电站1秒钟的输出量。电流撕裂空气，使空气突然发热，引起隆隆的雷声。闪电中的温度可达20000~30000℃，超过了太阳表面温度的5倍[①]。

在闪电中，你看不到电本身。实际情况是，原子从闪电中获得了能量，原子中的电子被提升能级时会喷射出光，然后又回到正常能级。它们产生的是全频谱的电磁辐射，从无线电波一直到X射线和伽马射线。我们不指望电会在空气中流动，因为大气层是很好的绝缘体。在正常的湿度下，需要大约30000伏特的电压才能让电火花越过1厘米的距离（空气越潮湿，电越容易流动）。

潮湿能帮助导电似乎很合理，生活中的我们习惯于将水看作是电的良好导体（人们通常害怕将电气设备弄湿）。但实际上，与空气一样，水是较佳的绝缘体——纯水不导电；生活中的水具有弱导电性，因为它总含有或多或少的物质离子，这些离子会携带电流。离子（带电的原子）还负责携带闪电中的电穿过空气，但要在闪电中产生巨大的流光放电，还需要巨大的电功率。

一旦诱发了大量的二次电荷，就会发生一些奇怪的事情。负极的风暴云和它的正极目标之间有着相对微弱的电流。这种电流使空气电离。就像在水中一样，空气中的离子比中性原子更能导电。这种从云层中发出的微弱放电，称为"先导闪电"，为主闪电也就是回击闪电（the

---

①我们妖会说，"真舒服"。

return stroke）开辟了一条通道，而回击闪电的方向正好相反——在闪电袭击地面的例子中，主闪电从地面一直延伸到云层，而不是朝着人们所认为的方向。

本杰明·富兰克林是否在暴风雨中放了风筝不能确定，但可以确定的是，他发明了避雷针。这个简单装置的构想是在建筑物的最高处放置一个金属钉，通过厚厚的金属导体连接到地面。金属钉的尖峰可能最早受到雷击，然后将电传导至地面，减少对建筑物的破坏。在实践中，避雷针非常有用。它可以将钉尖周围感应生成的电荷输至地面，减少先导闪电的形成机会。

闪电是一个戏剧性的自然电作用的例子，但研究它是件困难的事，因为它不在受控环境中发生。到了18世纪，静电被用于戏剧性的演示，如"电男孩表演"将一个年轻人用丝带吊起，用丝绸摩擦玻璃棒为之充电。然后，他将给观众表演如何吸引轻质物体。直到19世纪，才出现了可供人们使用的电（电荷通过电线流动）。在讨论这个问题之前，我们需要后退一步，介绍下电的表兄——磁。

磁性物质

自古以来，磁体就以天然磁石的形式而闻名。它们属于磁铁矿，一种含铁氧化物的矿块。大多数磁铁矿并无特殊性质，但当它含有某些杂质时，其结构能造就永磁体。今天，这些磁石最初是如何被磁化的尚不能百分百确定——较明显的嫌疑是地球磁场，但它太弱了。人们怀疑，其原因很可能是雷击，特别是那些在地球表面发现的天然磁石（也许，天然磁石才是真正的雷电石）。有了我们妖极力避免的那种对称性——人类非常喜欢——电和磁结合，两者就能互感。

最早的对磁性进行科学研究的尝试来自于13世纪的法国学者彼得·德·马里库尔（Peter de Maricourt），不过他更出名的称呼是彼得·佩里格林纳斯（Peter Peregrinus）（"佩里格林纳斯"通常比喻陌生人或外国人——言下之意，他是一个"流浪者"，不会在一个机构里待很久）。我们对彼得本人知之甚少，不过法国皮卡第地区（Picardy）的科比修道院（Abbey of Corbie）附近有一个叫马里库尔的村庄，传说与他有关。13世纪的英国自然哲学家、修士罗杰·培根（Roger Bacon）曾在巴黎遇到过彼得，他说：

> 他通过实验获得了关于自然、医学和炼金术的知识，以及天上地下的一切知识。如果有老妇人、士兵或乡下人知道一些他不知道的国家的事情，他会感到羞愧。所以他窥探了金属铸造师的工作，以及由金银等金属和一切矿物制成的物品……
>
> 因此，没有他，哲学将不完整，也难以以有利的和确定的方式推进。他完全值得任何的奖赏，但他并不邀功求赏。如果他愿意与王公贵族共处，他可以很容易地获得荣华富贵；如果他愿意在巴黎展示自己的智慧成果，整个世界都会成为他的追随者。不过，这两种方式会耽误他热爱的实验工作，他无视所有的荣誉和财富。事实上，如果他愿意，他完全能靠自己的智慧发家致富。

1269年，彼得完成了他的《磁体书信》（*Epistola de Magnete*），详细地描述了磁体的两个不同极点、吸引力和排斥力、如何用天然磁石磁化铁，以及地球的磁性。他还介绍了一些指南针的制造细节，包括当时常用的将磁体浮在水面上的方法，以及更先进的将薄磁体安装在枢轴上的方法。彼得的著作描述的是实际应用，未提及任何的理论基础，这些文献在17世纪以前一直是这一领域的权威。此后，彼得的工作才被英国自然哲学家威廉·吉尔伯特（William Gilbert）的光芒所掩盖。

吉尔伯特的著作《论磁体》（*De Magnete*）的内容比彼得的《磁体书信》更详细，且更深入地思考了地球本身能成为巨大磁体的原理。为了探索这种磁体的作用方式，吉尔伯特建造了被称为"地磁球

(terrella)" 的球形金属磁体。这帮助他理解了磁倾角的特性,如指南针由于其地表位置不能指向水平。

当然,吉尔伯特不可能什么都对,他最大的错误是提出重力和磁力是一种力,虽然原理具有相似性。不过,他的书(涉及了静电的一些方面)让人们重新思考磁力的性质,超越了只是用来制造指南针的简单应用。

麦克斯韦妖 电磁学的诞生

现在,我们准备好了迎接电流(从一个地方流向另一个地方的电)的发现,这要归功于意大利物理学家亚历山德罗·伏特(Alessandro Volta)1799年发明的电堆(电池组)以及丹麦人汉斯·克里斯蒂安·奥斯特(Hans Christian Oersted)1820年的发现(电流会产生磁效应)。

这些都为迈克尔·法拉第所做的非凡的电磁研究打下了基础。法拉第意识到两者之间存在很强的相互联系,并促成了术语"电磁学"的流行(奥斯特为了电磁结合研究发明了这个术语,后由法拉第将其书写)。法拉第的发现对JCM的研究至关重要。

鉴于法拉第对JCM思想的重要影响,有必要作进一步的介绍。法拉第的家人在他出生前就从英国湖区(Lake District)的威斯特莫兰(Westmorland)来到了伦敦,以方便他的铁匠父亲找工作。1805年,14岁的法拉第当了法国大革命难民乔治·里鲍(George Riebau)的学徒。法拉第将业余时间全部花在了店里,从他要装订的书中自学知识。这些厚重的书卷,加上一个自强组织"城市哲学协会"所提供的讲座,让法拉第决心闯入封闭的科学世界。

里鲍的一个叫丹斯(Dance)先生的客户给法拉第找了一份临时工作——当皇家科学研究所(Royal Institution)的明星科学家汉弗莱·戴维(Humphry Davy)的助手,因为他的前助手受伤了。皇家科学研究所是一个相对较新的组织， 1799年由英国的顶尖自然哲学家成立，旨在向大众宣传科学知识，并为科学研究提供场所。与戴维一起工作是法拉第梦寐以求的，但他很快就被送回到了装订商那里。法拉第坚持不懈地申请科学机构的工作，终于在1813年得到了皇家科学研究所实验室助理的永久职位。

到了1821年，随着职位的升迁，法拉第取得了稳定的进步。他被要求写一篇概述电磁间相互作用的文章。为了写好这篇新兴领域的文章，法拉第重复了他读过的实验。他在给一根放置于固定磁铁附近的电线通电时，看到了一件奇怪的事，挑战他想象力的事——当电流流过时，电线会移动，绕着磁铁转圈。在他看来，这是一个新的发现，他意识到这需要公之于众。他在未咨询同行的情况下将文章写了出来，并立即被指控为抄袭。

一些人指控法拉第剽窃了威廉·沃拉斯顿（William Wollaston）的想法，他是法拉第在概述中收录的科学家之一。沃拉斯顿曾是一名医生，但由于视力下降而放弃了医学。他认为（在有限的证据下），电会像开瓶器一样沿着电线螺旋上升。沃拉斯顿曾要求他的朋友汉弗莱·戴维爵士寻找这种运动的证据。戴维无法做到这一点。事实上，除了电和旋转之外，沃拉斯顿的理论和法拉第的实验之间的关联非常有限，但沃拉斯顿确信法拉第窃取了自己的想法。这让法拉第感到震惊。他请自己的导师戴维帮忙，但无济于事。

虽然戴维愿意承认法拉第的出色工作，但他们的社会地位相差甚远。戴维是社交界的宠儿，经常与皇室人员会面。在职业生涯初期，法拉第曾陪同戴维夫妇巡游参观了欧洲的各大科学机构。但戴维夫妇并未平等地看待法拉第，而是将其视为侍从以及科学助手。在戴维看来，作为专业人员的沃拉斯顿，与自己的社会地位匹配，他站在了沃拉斯顿的一边。除了纯粹的职业关系，法拉第和戴维之间的感情就此终结。

幸运的是，戴维的影响力不足以说服全部人相信法拉第抄袭了沃拉斯顿的想法。电线绕着磁铁的稳定旋转，不仅是一个漂亮的示范，它还奠定了电动机的基础。法拉第从戴维的阴影中走了出来。2年后，法拉第入选了声名显赫的英国皇家学会，只有一张反对票（来自汉弗莱·戴维爵士）。

10年后，法拉第才回归电学和磁学领域，被指控以及被戴维背叛的痛苦深深伤害了他。那段时间，他将注意力转到了化学上，并担任了皇家科学研究所实验室的行政工作，策划了"周五夜话"和一系列儿童圣诞活动。但法拉第无法永远拒绝电磁学的挑战。1831年，有证据表明，一根电线的电流可以在另一根未连接的电线上产生电流，以某种方式跨越了空间。

这个近乎神奇的主题——感应——重新激发了法拉第对电磁学的热情。他自制了一对导线线圈，将两根长长的绝缘导线分别缠绕在一个拉长铁环的两条直边上。他以为当自己给第一个线圈通电时，会看到第二个线圈产生稳定的电流，电流会以某种方式通过铁环渗透。然而，实验结果是，第二个线圈只出现了短暂的电流且很快消失了。

那么，第一个线圈是如何让远处的第二个线圈产生效应的呢？前面介绍过，法拉第的第一项研究已涉及了线圈产生磁性的方式。毫无疑问，磁体可以在远距离发生作用——指南针表明情况确实如此。那么，当电流在第一根电线中流动时，它就会起到磁铁的作用。法拉第意识到，如果是磁力的变化产生了新的电流，而不是电在金属芯上发生了泄漏，则第二个线圈只能感应出短暂的电流脉冲。他很快展示了永磁体穿过线圈发电的过程，并设计了一个基础发电机。

科学家难以解释法拉第展示出的电和磁之间的联系。众所周知，把铁屑撒在一张纸上，再将纸放在一块磁铁上方，这些细小的金属片会拉出弯曲的线条，变成展示磁铁无形力量的地图。数学能力有限的法拉第没法用方程描述这种效应，他只能根据这些线条想象他观察到的结果，他称这些线条为"力线"。如果在磁铁附近移动一根电线，电线会一个接一个地反复切割这些力线。每一次与这些想象中的线在貌似空虚的空间中发生相互作用，都会产生电流流过电线。

脑中有了这幅图景，法拉第可以思考为什么电感应会发生这样的作用。在第一个线圈被接通之前，这些力线并没有从线圈中发出。但当他开始让电流流动，把线圈变成磁铁时，力线就像打开的伞骨一样移动到位。随着力线向外运动，它们一个接一个地切割第二个线圈的电线。打开电磁线圈时，力线并不是瞬间就位的，而是逐渐就位，否则第二个线圈就不会与力线发生相互作用而产生电流。有什么东西在空气中传播，这是一种无形的磁现象。

只是猜测

法拉第的力线很有远见，但他对揭示其全部含义持谨慎态度。戴维抛弃他时发生的事情历历在目，他没有公布自己的全部成果。他将最有争议的想法藏在了一个密封的信封里，留下日期1832年3月12日，打算在他死后才能打开。这份文件更进了一步，暗示了JCM最终会做出的东西。在法拉第的思想模型中，打开电磁铁时，力线会从电磁铁上向外发出，但到底是什么在移动呢？法拉第写道：

> 我倾向于将磁极的磁力扩散与受干扰水面上的振动或者声音现象中的空气振动作比较，即我倾向于认为振动理论适用于这些现象，就像它适用于声音一样，很有可能也适用于光。

这个联系磁力振动（波）和光的性质的灵感一直停留在保险箱里的密封信封内，直到1846年4月10日星期五晚上9时。传说，"查尔斯·惠斯通（Charles Wheatstone）要作一个关于电磁计时仪①的演讲，因怯场而跑了出去。他的朋友法拉第出席了惠斯通的简短演讲，在没有时间

---

①没有听起来那么厉害，只是一个电控时钟。

准备的情况下，作了他职业生涯中最有灵感的演讲：第一次洞察到光、电和磁不可分割的本质"。

实际上，皇家科学研究所的记录显示，当晚法拉第代替了另一位科学家詹姆斯·纳皮尔（James Napier），后者提前一周通知了他的缺席。当然，法拉第确实谈到了惠斯通的那台名字令人愉悦但彻底被人遗忘的电磁计时仪。在介绍完同事的工作后，法拉第开始了即兴发挥。

他把光描述为一种通过充满空间的无形磁力线振荡的振动。在1846年的那个演讲厅里，这是个了不起的描述。当时，皇家科学研究所已经搬到了位于伦敦的时尚的梅菲尔区（Mayfair）阿尔伯马尔街（Albemarle Street）的新建住宅。法拉第就坐在那张抛光的木质演示台前，其至今仍安立在气势恢宏的半圆形剧场里。那是电灯发明之前的时代，当时，夜间的照明来源只有油灯、蜡烛及煤气灯的火光。对法拉第的听众来说，电和磁是新奇的东西，它们之间莫名的联系让计时仪这样的机器得以诞生。将空灵的光现象与磁铁和电线圈联系起来并由此受到启发是法拉第的天才之举。

法拉第后来说，他"抛出的只是猜测，只是我心中模糊的印象"。但这些印象是经过长期思考的结果，影响极为深远。法拉第告诉他的听众：

> 因此，我大胆地提出，考虑将辐射视为一种高层次的力线振动，这种力线将粒子和物质连接成一体。它努力排除以太①，但不排除振动。

正如我们所见，法拉第不是JCM那样的数学家，但他提出了一个关于电和磁的本质的远见构想。他认为它们在自己周围产生了一个影响领域，他称其为"磁场"。根据铁屑形成的连接磁体两极的排列，法拉第

---

①以太是想象中的媒介，充满了所有的空间。当时的人们认为光波在以太中作振动传播。法拉第认为，有了场，就没有以太存在的必要。

认为他的磁场由从磁极或电荷发出的力线组成。当另一个电或磁体打破这些力线时，它们就会感受到影响。场线被设想与电和磁的许多行为方式相关。例如，当力线被压缩在一起时，它们会互相排斥。法拉第还为人类理解光的本质奠定了基础，从熟悉的电和磁效应飞跃到了力场中波的概念。

这些都将是JCM开始考虑这个问题时不可或缺的背景。尽管法拉第因其在设计电动机和发电机的实践方面的贡献而广受赞誉，但他在理论研究上采取的方法对物理学的发展甚至更为基础和重要。他的场的概念，被他同时代的一些人认为是华而不实、模糊不清的东西，但却成为了物理学家看待世界的标准方式，今天仍然如此，人们经常用之取代更熟悉的波或粒子模型。

那些批评法拉第场的同时代的数学家将电荷和磁极视作影响远处物体的点，这种模型像重力一样服从平方反比定律，可以产生很多与实验匹配的结果。然而，场有一个巨大的概念优势。基于点的数学模型依赖于远处的神秘影响。就像牛顿的引力理论不能解释引力如何穿过真空产生作用一样（这需要爱因斯坦的工作），电和磁也只能被解释为在远处引发的奇怪作用。正是这一点，让牛顿的同时代学者嘲笑他的引力论"太过玄乎"。

另一方面，场不需要在远处产生作用。例如，一个电荷作用于它所在的场，而不是作用于另一个遥远地方的电荷。然后，这种作用通过场线扩散到另一个地点。但在场概念被确定为物理学的有效方法之前，JCM必须将法拉第的定性概念变成一个数学结构，使电磁学的工作原理能够被人们理解和利用。

不过，在我们的故事中，这还在遥远的未来。在牢牢掌握了电磁学的基本概念之后，让我们重新回到年轻的麦克斯韦和他父亲的剑桥之路上。

2 一个最有创造力的年轻人

在 1850 年前往剑桥的途中，麦克斯韦和他的父亲曾在两座大教堂——彼得伯勒（Peterborough）和伊利（Ely）[①]——停留过，所以位于市中心南部相对较小的彼得豪斯学院的建筑景观逊色多了，那里的国王大道（King's Parade）现在变成了特朗平顿街（Trumpington Street）。然而，对于第一次走出苏格兰的麦克斯韦来说，这个学院应该是他的理想选择。有他的朋友泰特和斯图尔特在那里为他铺平道路，将使他更容易适应剑桥大学的生活。因为彼得豪斯是一个较小的学院，与三一学院或国王学院相比，它的压力会小一些。

麦克斯韦在彼得豪斯学院的房间有充足的自然光，这适合他做实验的爱好——他从家里的实验室整理了大量的样品，在他下[②]剑桥的路上就已经被送到了这里。彼得豪斯学院的良好空间似乎是他选择这里的理由之一。麦克斯韦的朋友刘易斯·坎贝尔的母亲莫里森夫人（Mrs Morrison）在自己的日记中指出，"在选择学院之前，麦克斯韦完全听从福布斯的建议，认为剑桥的三一学院比其他所有学院都要好，彼得豪斯比凯乌斯（Caius）的学费便宜，且后者已经满员（没有房间），新生不

---

①约翰·克拉克·麦克斯韦热衷于旅游参观（有利于自我提升）。当麦克斯韦临近剑桥大学的期末考试时，父亲建议他休息几天，去伯明翰看望自己的一位朋友。约翰给朋友写了一份适合儿子参观的建议清单，包括"枪械制造、铸剑、日本漆器、镀银、复印与印刷、艾金顿（Elkington）的作品、布拉泽（Brazier）的作品、车削、茶壶制作、小物品制作（纽扣、钢笔、别针）、玻璃厂、发动机制造、工具和仪器制造"。细心的麦克斯韦选择从玻璃厂开始参观。

②当时，人们习惯认为，从任何方向前往剑桥都是"上剑桥"，甚至今天仍然如此。但从麦克斯韦的观点看，英格兰位于苏格兰的南方，肯定是"下剑桥"。

得不在外住宿"。然而，在到达剑桥的几周后，麦克斯韦就思考着能否再进一步。

升到三一学院

在彼得豪斯学院完成了一个学期的学习后，麦克斯韦转到了三一学院。今天，这似乎是不寻常的做法，因为今天的教学与管理主要由大学负责而不是学院。然而，在麦克斯韦的时代，学院决定了你能接受的教育质量。那时，学院提供的教学比今天更直接，而彼得豪斯学院提供的某些方面的教学很有限（尽管在数学方面有着不俗优势）。

然而，更重要的是，当时盛行私人导师，对学生的成功有很大的影响，麦克斯韦似乎与他的彼得豪斯学院的导师相处得不好。麦克斯韦的父亲也发现，儿子毕业后留在彼得豪斯学院的机会不大。麦克斯韦所在的年级可能只有一个奖学金名额，而竞争者众多。在大得多的三一学院（家族朋友福布斯教授的母校），麦克斯韦有更多的机会获得奖学金并留在那里。

麦克斯韦在迁往三一学院的过程中得到了詹姆斯·福布斯的支持。福布斯告诉学院院长："他（麦克斯韦）的行为举止没有丝毫粗鲁之处，是我见过的最有创造力的年轻人。"这个阶段，麦克斯韦是一个奇怪的混合体，他接收的信息范围广泛，但漫无边际、缺乏结构性。彼得·泰特评论说："麦克斯韦有大量的知识，远超同龄人拥有的知识量；但这些知识处于一种无序状态，令循规蹈矩的私人导师感到震惊。"

投身学术界的麦克斯韦在剑桥大学成长，努力进步的同时也热衷于锻炼身体。由于每天的日程表已经排满，有一段时间，他想出了一个锻炼身体的新方法（当时，学院规定学生晚上必须住校），一个和麦克斯韦同住一层的学生回忆：

　　凌晨2时，他沿着上层走廊跑步，下楼梯，再沿着下层走廊跑步，上楼梯，反复锻炼直至沿途房间里的住客纷纷起床埋伏在猎门①后，在他经过时用靴子、梳子等扔他为止。

　　这是麦克斯韦为确定学习、锻炼、睡眠的最佳匹配时间进行的一系列实验的一部分。生活中的每一件事似乎都为他提供了实验的机会。例如，1851年，他在一封信中指出，他曾试过在晚餐（学院华丽的大厅里的晚餐）后睡觉。

　　我从17时睡到21时30分，从22时到2时读书，从2时30分到7时继续睡觉。我打算找时间尝试，一整周都从17时睡到1时，剩下更多的早上的读书时间。

　　实验结果没有发表，但事实上，他似乎留出了更多的社交时间。

成为"使徒"

　　显然，麦克斯韦的孤僻气质正在消退，他成为了"精选论文俱乐部"（Select Essay Club）的成员，那是一个绰号为"使徒"的精英知识分子俱乐部，俱乐部最初只有12名成员。这是一个全校性质的组织，但成员主要来源于包括三一学院在内的一批贵族学院。阿尔弗雷德·丁尼生（Alfred Tennyson）、伯特兰·罗素（Bertrand Russell）和约翰·梅纳德·凯恩斯（John Maynard Keynes）等人都曾是这个俱乐部的成员。与臭名昭著的牛津布灵顿俱乐部（Oxford Bullingdon Club）不同，使徒会围绕的是茶水而不是酒席，更偏向于知识讨论，但它仍有秘密社团的一

---

　　①剑桥大学的房门由内外门（相距1英寸）构成，内门是"橡木门"，外门是"猎门"。

些弊病——如果麦克斯韦仍然表现得"举止粗鲁"，极不可能被纳入这样一个俱乐部。

也许是因为有了一个更复杂的朋友圈，麦克斯韦已知的唯一一次涉足唯灵论是在剑桥时期，当时的公众对此非常热情。他的朋友刘易斯·坎贝尔回忆，即便是"神秘学"，在披上时髦的电生物学和转桌术的外衣后，也获得了麦克斯韦"讽刺性的关注"。对此，麦克斯韦的父亲提出了严肃批评，他指出，"有两个神经质的人，他们的思想被电生物学搅乱"，并警告说：

> 我希望这在剑桥不流行，无论如何，你不要涉足。如果一定要说它有什么作用，更可能是害处而不是好处；如果害处接踵而至，也许会无法挽回，请让我知道你没有接触它。

"电生物学"听起来像了解大脑和神经系统的电学方面的早期尝试，但当时只是称呼"动物磁性"的另一个术语。两个标签都试图给催眠术提供一个听起来更科学的背景——"电生物学"这个术语在舞台催眠师中很受欢迎；"转桌术"更糟糕，麦克斯韦的父亲认为这是一种降神术（参与者围坐在桌子边，桌子被抬起并移动，施术者说这是精神干预的结果。实际上，更可能是施术者动了手脚）。

很有可能是法拉第的经历终止了麦克斯韦的进一步的探索——法拉第做了转桌实验，证明了桌子的移动是由于参与者的手提供的压力。法拉第被大量的信件淹没，询问他是否能解释其他的各种现象。麦克斯韦评价，"就像法拉第发表了全能的宣言……这就是给神秘科学做真实实验的人的命运……反科学人士打败了法拉第"。也许，麦克斯韦不想遭受类似的命运。

这时期，刘易斯·坎贝尔对麦克斯韦的形象作了有意思的描述：

> 他的深棕色眼睛似乎变深了，虹膜的某些部分几乎全黑……他

的头发和初生的胡须都很乌黑，每根头发都散发出一种清晰的力量，他更像一个拿撒勒人而不是19世纪的青年。他的衣着朴素、整洁，因为没有任何冒失的东西（松散的领子、饰钉等）而引人注目。有"审美"品味的人也许能从其沉稳的色调中察觉到他对色彩的奇妙眼光。

麦克斯韦妖 猫和短诗

麦克斯韦在剑桥时有一件事始终未变——对动物的热爱。剑桥的许多学院禁止养狗（现在也是如此），这令麦克斯韦颇为难受。不过，他与学院饲养的用于捉老鼠的猫交朋友作为替代。后来，麦克斯韦用猫做过一个实验，这给他带来了一些争议。1870年，他在给妻子凯瑟琳（Katherine）的信中作解释，他回忆道：

> 当时，我作为数学考官到访三一学院。我发现了一种扔猫的方法，可以让它不能四脚着地，我曾将猫从窗户里扔出去。当然，此研究的目的是探知猫在空中的转身速度。如让猫从桌子或床上掉落地面，它一定会四脚着地。

麦克斯韦在剑桥大学期间还保持着写诗的习惯。这成为了他终生的爱好，从古典诗到颂诗，从情诗到滑稽诗。有时，他的作品会触及他工作和经历中的具体方面，如在剑桥时的作品《在11月读数学是不明智的》。《愿景（优胜者、大学、学究和哲人）》是他在剑桥时期的另一首诗，开篇诗句就真实地展示了麦克斯韦：

> 圣玛丽教堂的钟声已经响起，
> 十二个音符轻轻环绕着，

无穷无尽的烟囱，

它们包围着我在三一学院的住所。

（字母G，旧苑，南阁楼）

我合上数学书，

它和静力学有点混淆——

把它沉在最深的海里。

壁炉里，闪烁的火苗，

让11月显得沉闷，

雾气印上了我龟裂的皮肤，

像一只被拔了毛的瘦鹅。

当我准备睡觉的时候，

一个声音颤抖地自问，

我读过的所有书，

是否曾经有过丝毫的应用。

优胜者

当时，所有剑桥大学的学生的期末考试都要考一系列的数学试卷。基本的考试相对简单，只要学好课程的基础知识就能通过；但荣誉生的试卷是一套拓展题，需要在四天内完成。这些题目难度颇高，需要新思维，对学生的推理能力要求很高。从1854年的荣誉学位考试（Tripos）[1]的细节中就能看出这项任务的规模，当时的荣誉生做了16份试卷，考试时间长达44.5小时，合计211道题，最优秀的学生还要再花三天时间考

---

[1]Tripos，读作"tri-poss"而不是"tri-pose"，是剑桥大学独特的系统，表示获得某一学科学位所需的考试。据说，这个词源于口试时使用的三脚凳的名字，但证据有限。尽管末尾有"s"，但它是单数。

史密斯奖（Smith's Prize）的63道附加题。

完成了这项数学挑战并获得一等奖的学生将被授予"优胜者"（Wrangler）的称号，获得榜单上的这个位置就像在划船比赛中赢得"河王"（Head of the River）一样艰难。如获得"高级优胜者"（Senior Wrangler）的称号，将被广泛认为是英国的最高学术成就。

麦克斯韦获得了"二等奖"①的称号。后来，在单独的、更难的史密斯奖的考试中，他与"高级优胜者"得主爱德华·罗斯（Edward Routh）一起被宣布为冠军，后者在运动物体的数学研究上颇有建树，并发展了控制系统理论的雏形。

可以说，麦克斯韦在爱丁堡和剑桥接受的教育是完美的组合，打破了当时固化的学术界的物理学教学方法。如果一直留在苏格兰教育体系，他将被融入到结合实验的传统自然哲学——但剑桥培养了他强劲的数学能力，以及继续前进到物理学下一个发展阶段所需的严谨的研究能力。麦克斯韦发展了一种新的工作方法，将两种传统混合（物理和数学）。

麦克斯韦在数学考试中的成功以及荣获史密斯奖，确保了他在大学中的优等生荣誉，为他赢得了三一学院的学士学位。现在，他有更多的时间从事自己的项目。麦克斯韦继续着偏振研究和应力实验，他对人类感知不同颜色的方式产生了浓厚的兴趣。

麦克斯韦妖 色觉

当时，医生们观察病人睁开的眼睛，希望能看到里面的情况。麦克斯韦设计了第一台眼科镜，一种检查眼睛内部的显微镜。他用它对人类

---

①另一位二等奖获得者是麦克斯韦的晚年好友，格拉斯哥大学的物理学教授威廉·汤姆森。汤姆森是高级优胜奖的热门候选人，他派了一个仆人去行政楼看公示结果，看看他应该向哪位二等奖获得者表达同情。仆人回来说："您，先生。"

以及狗的眼睛进行了长时间的研究，并揭示出了眼睛内表面的血管网。1854年春，他给在爱丁堡的姨妈凯小姐的信中说：

> 我做了一个通过瞳孔观察眼睛的仪器。困难在于透过小孔向内观察且不影响光的射入；但这个困难被克服了，我可以很清楚地看到眼球后面的大片区域，上面有蜡烛的图像。我让狗安静地坐着，保持眼睛的稳定。狗的眼睛后面非常漂亮，背景是铜色的，有光鲜亮丽的斑点和蓝、黄、绿色的网络，还有大大小小的血管。人们在接受这样的检查时，也不会感到不适。

这项用眼科镜进行的研究，激发了他对自然现象细节研究的兴趣，但它并未指出眼睛内部使我们能够区分颜色的机制。

在解决这个问题的过程中，麦克斯韦有两条探索路线。当时比较成熟的理解来自于艺术家，他们一直混合着不同的颜料以制作调色板，延续了几个世纪——画家们认为，红、黄、蓝是"原色"，将其混合可产生任何颜色。多才多艺的英国医生和物理学家托马斯·杨（Thomas Young）提出，眼睛的工作方式与艺术家的调色板类似，但原理相反。杨认为，视网膜的不同区域对红、黄、蓝三色敏感——更准确地说，视神经的每一根"感光丝"都有三个部分，一个部分处理一种原色，构建了我们可视的色彩范围。

麦克斯韦注意到自然科学中有许多有关光和颜色的与物理相关的实验，这些实验甚至能追溯到艾萨克·牛顿的时代。牛顿本人在三一学院就曾做过著名的实验——他刺穿了房间的百叶窗，让一束细小的阳光穿过，并用他在当地集市①上买来的棱镜将阳光分成了彩虹色。

牛顿将红、橙、黄、绿、蓝、靛、紫定义为彩虹的颜色。在现实中，7这个数字显得很奇怪。如果你在显微镜下观察彩虹，会发现有更

---

①大学人员禁止参加集市，被大学校长抓住的风险高，所以集市被狡猾地选在了他们权力范围之外的斯托布里奇公地（Stourbridge Common）。

多的颜色，但肉眼只能看到6条色带（蓝、靛不易区分）。人们认为，牛顿选择7这个数字，是为了彩虹颜色的数量与音符符号的数量相符，呼应自然和谐。棱镜产生彩虹的能力众所周知——这解释了它们为何能作为玩具在展览会上出售——但当时流行的理论是，进入棱镜的白光被玻璃中的杂质染色。

牛顿很聪明，他用第一块棱镜分离出单色光，再让单色光透过第二块棱镜，透过第二块棱镜的单色光未发生变化——这说明棱镜并未给光增加颜色，只是分离出了白光中已经存在的颜色。后来，牛顿用透镜聚焦被分离的彩虹色，再次产生了白光，进一步实证了自己的观点。如果单色光包含于白光，为何白光落在红苹果上时，我们只看到红色。合理的解释是，苹果吸收了光谱中的许多色光，只反射了红光。

不过，有些我们能看到的颜色并不在彩虹的光谱中，如棕色或洋红色。这样的奇色只能通过混合其他颜色来产生，其原理引起了学者的争论。随着时间的推移，牛顿的后继者们开始使用一种轮子或"陀螺"来做实验——涂上不同的颜色，让其旋转，似乎能在眼睛里合成颜色。爱丁堡大学的福布斯教授曾多次尝试，试图让轮子上的红、黄、蓝变为白色，但都遭到了失败。此后，福布斯尝试了艺术家熟悉的组合——将黄、蓝混合为绿——奇怪的是，他并未看见绿色，而是看见了粉红色。

真正的原色

做出突破的正是麦克斯韦，他以牛顿的观察为基础，遵循了德国物理学家赫尔曼·冯·亥姆霍兹（Hermann von Helmholtz）的理论。这里涉及了两个不同的过程，必须分开处理——光中的颜色相叠加产生了新的色调，颜料中的颜色却是相抵消（它们带走了光的一些颜色）。如牛顿的猜想，当我们看到一个具有某种颜色的物体（如一个红色的邮筒）时，眼睛实际检测到的是物体重新发出的光。如果白光落在盒子上，我们看到的却是红色，那是油漆中的颜料已经吸收了其他颜色。当我们混合颜料（如黄色和蓝色）时，看到的最终颜色（绿色）是光中的其余颜色被这两种颜料吸收后剩下的颜色。

这意味着艺术家眼中的原色并非真正的原色，而是原色被吸收后的残存色，是原色的绝对反面[①]，现代科学家可能会称其为反原色。通过实验结合逻辑思考，麦克斯韦意识到，光的真正原色（与颜料相反）实际上是红、绿、蓝或紫。当他用这些颜色组成一个色盘并旋转时，他看到了白色。这时，他站到了爱丁堡老教授福布斯的对立面，福布斯与他同时代的许多人仍然坚持红、黄、蓝是光的原色的观点。

不过，麦克斯韦并未停止脚步。他设计了全新版本的色陀螺，用到了三个纸盘，一种原色一个，这样他就可以旋转红、绿、蓝的不同组合，研究所产生的感知颜色。这些圆盘由爱丁堡的印刷商和艺术家戴维·海伊提供，他的彩色印刷品被认为是英国最好的印刷品之一。"陀螺"这个词暗示它是一个自我支撑的旋转装置。但实际上，它的机械装置由一个扁平的金属圆盘构成，圆盘支撑着纸页，枢轴连接在一个手柄上，形状像

图1　1855年，24岁的麦克斯韦与他的色陀螺

[①]事实上，艺术家们的初选"原色"仍然是错的。原颜料是青色、黄色和洋红色（看看你的彩色打印机里的墨水）——我们仍在学校教授的蓝色、黄色和红色只是这些颜色的近似品。当然，我们妖非常清楚，不能指望艺术家有多严谨。

一个带有旋转盘的圆形烤盘。

在1855年2月的一份早期手稿中，麦克斯韦将该装置描述为"手转陀螺（teetotum）"。他告诉我们：

> 它可以用手指旋转，但如果需要更快的转速，就应该用绳子缠绕在紧靠圆盘下方的轴上使之旋转。最好的方法是将绳结滑到圆盘下的小铜针后面，绕好后将轴放到垂直位置，使其上的两个凹槽卡住黄铜手柄上的两个钩子。当绳子被拉动时，钩子使轴保持垂直，因此"手转陀螺"就可以在最小的桌子或茶盘上稳定地旋转。

制作色陀螺的灵感也许源于麦克斯韦年轻时的娱乐活动。费纳奇镜（Phenakistoscope）是他小时候最喜欢的玩具之一，通俗的称呼是魔法圆盘。这款玩具有一个旋转圆盘，圆盘边缘画有一系列的图画。通过圆盘上的一系列槽口，从后面观察会看到镜子中反射的图像，产生出短暂的动画效果。麦克斯韦为他自己的许多迷你电影绘制了图片，放在魔法圆盘上旋转，主题涵盖了从牛跳过月球到狗抓老鼠的所有内容。这种将静止图像变为动画的组合效果，很可能激发了他的色陀螺制作。

麦克斯韦的色陀螺还为第四种颜色提供了位置，放在了圆盘中心的连续圆圈内。这意味着，他可以根据圆圈中呈现的颜色来调整每种原色的量。他紧接着提出了一个数学公式，将原色的百分比与所合成的颜色关联起来。

用他的公式，麦克斯韦得以制作了一个"原色三角形"，以等边三角形三个角的三种原色为起点，根据与角的距离混合颜色的量（见图2）。这项工作的一个重要成果是，能使我们认识到感知的一束光的颜色与它的绝对颜色不同。虽然某一特定波长的单色光会被视为橙色（比如），但大脑会将眼睛中不同颜色感受器（视锥细胞）的输入作合成，使颜色能由原色的混合产生。

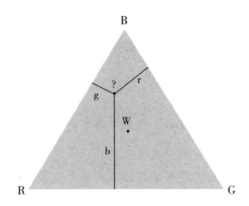

图2 原色三角形的每个角都对应单一的原色，标有"?"的
颜色混合了红色的r、蓝色的b和绿色的g，中央W点的
每种颜色量相等并产生白色

　　显然，麦克斯韦能够利用他的三角形来详细解释不同颜色的产生。例如，你将白光照射到一种能强烈吸收光谱中间颜色（绿色周围）的颜料上，结果是红色和蓝色的波长大部分被重发射，产生了品红色——其实是反绿色（anti-green）。事实上，老艺术家们喜欢将黄色和蓝色混合为绿色，这是因为青色颜料大多吸收红色，而黄色颜料大多吸收蓝色，只剩下绿色被重发射。

一种特殊的障碍

　　麦克斯韦注意到，一些人存在一种"特殊障碍"，无法区分某些颜色——他在颜色感知方面的研究与他对色盲者的深切关注密不可分。他们患有"道尔顿症"（Daltonism，红绿色盲），当时常这样称呼，以曼彻斯特化学家约翰·道尔顿（John Dalton）的名字命名。道尔顿患有这种病症，也是最早对这种现象进行科学研究的人之一。麦克斯韦记录了有趣的结果，"不同的眼睛在相似的环境下能对颜色作出最接近精准的一致判断，而相同的眼睛在不同的光线下却会得出不同的结果"。

　　他发现，我们对颜色的感知受光线等因素的影响较大，拥有正常色觉的个体对颜色的感知具有较强的一致性。同时，麦克斯韦保持着优秀科学家的谨慎态度，不愿意大肆传播自己的观察结果。他指出："只有通过大量的观察，才能得出可靠的结论。"在接下来的研究中，他邀请了大量来访者试用自己发明的一系列调色装置以扩大样本，还让朋友们多邀请色觉异常者参加。

　　麦克斯韦完成了最初的手稿后，又向爱丁堡皇家学会提交了一篇论文。他在论文中进一步提炼了自己的观点，即色盲通常是由于眼睛的三色系统之一发生缺陷所致。如果这是正确的，他认为，在色陀螺上进行颜色组合，可以识别人们对颜色感知的缺失。

　　在这个过程中，他尝试了不同颜色的组合。当时，麦克斯韦已经坚定地将红、绿、蓝三色视为光的最终原色。但配出各种棕色给麦克斯韦带来了很多麻烦，因为威廉·汤姆森曾对原色混合出棕色表示怀疑。麦克斯韦给后者写了一封信，"我一直思考着你所说的棕色。现在，我可以配出咖啡粉的颜色（不过表面是糟糕的巧克力蛋糕色），用黑色、红色、蓝色、绿色配出棕色"。

　　麦克斯韦的工作意义非凡，正是基于对他的原色三角形的理解，电视、电脑、手机的彩色屏幕得以出现。屏幕上的每一个彩色像素都是由独立的红、绿、蓝三色元素组成，它们的不同配比能显示出数百万种颜色……这得益于麦克斯韦的突破性方法。当时，不少的类似研究也得出了相近的结论，如德国物理学家赫尔曼·冯·亥姆霍兹发现多种色光叠加会出现单一的颜色。

　　当麦克斯韦展示了自己的杰出工作，我们或许会认为，人们能很快地理解并接受它。但事实并非如此，红-黄-蓝模型得到了较多的艺术家的支持，麦克斯韦花了多年时间才渐渐让人们接受他的观点。甚至到了1870年，也就是15年后，他给曾经的三一学院的朋友塞西尔·门罗（Cecil Monro）写信：

新南威尔士州摄政公园奥尔巴尼街147号的建筑师W.本森（W. Benson）先生告诉我，"你一直在给《自然》杂志写信，称麦克斯韦的解释是有关颜色问题的唯一的合理陈述……建筑师协会中的其他建筑师都不相信他"。我对此很感兴趣，它反映了建筑师对颜色的认知状况。

斯韦妖麦克 量化法拉第场

然而，光和色觉并不是麦克斯韦唯一的兴趣，甚至不是主要兴趣。儿时，在格伦莱尔，他对磁铁影响远处金属片的神奇能力充满好奇；大学里，他成了迈克尔·法拉第的狂热追求者，关注法拉第的所有实验（电学和磁学）。法拉第的有着力线的磁场和电场的想法让麦克斯韦着迷。

当时，法拉第提出的场（电和磁）被认为非常有趣，但不容易进行数学研究（法拉第被他同时代的一些人嘲笑，缺乏数学知识）。为了在数学上研究电磁学，学者们采用了一种类似研究引力的方法，涉及"平方反比定律"——远程作用的力会随着与点源距离的平方而减小。

麦克斯韦确信法拉第的想法是正确的，他想寻找一种方法为那些神秘的力线（法拉第的核心理论）建立数学基础。似乎，麦克斯韦的动力源于他的不寻常的学术经历。剑桥大学在数学方面很有优势，但更多的是应用于与数学直接相关的如天文学那样的科学领域；爱丁堡大学给麦克斯韦打下了电磁学的基础，但并不鼓励他用数学的方法去研究，麦克斯韦将两者融合起来。

场类似三维版本的等高线地图。等高线地图上的任何一个点都标注了特定的高度值，等高线相当于力线，连接了同等高度的点。在电磁学中，这相当于连接了相等电场或磁场强度的点。不过，二维图与三维场相比，后者显然更复杂。等高线图上每个点的数值只反映高度——数学家把这种只有数值大小的量称为标量；电场或磁场中的每个点既有大小又有方向——它们被称为矢量。

在19世纪50年代，处理矢量所需的数学尚未完全发展起来，但麦克斯韦已了解了一些用数学方法分析一个场的基础知识和某些要求。他向同为苏格兰人的威廉·汤姆森寻求帮助，后者已经利用矢量做了一些有关电的研究工作，在热通量的研究上有丰富的经验。汤姆森发现，似乎很巧合，处理电荷之间"静电"力的强度和方向的方程与处理热通量的流速和方向的方程是一样的。

麦克斯韦接受了汤姆森关于矢量数学的指导，但在应用上却走了自己的路。他认为电的行为像流体，磁的行为像流体中的涡旋。流体的流动线对应于法拉第的力线，流动的速度提供了"通量密度"（flux density），这是电场或磁场强度的量度。这种假想流体流经材料的多孔性差异，对应着不同物质对电场和磁场的反应方式。

但需要强调的是，麦克斯韦并不认为电就是这样一种穿透性流体。这里，我们可以参考从热研究中得出的一个教训。100年来，大多数关于热的研究都假定存在一种真实的、不可见的流体——热质（caloric），它从一个较热的物体流向一个与之接触的较冷的物体。热质说在解释热的行为方式上取得了一些成功，但最终被否定了。一种更好的解释是，热是物质中原子和分子的动能。

麦克斯韦从未打算让自己的流体成为电磁学意义的热质。他的流体纯属想象，不是电本身的流动，而是一种对电场和磁场强度的类比。效果很好，麦克斯韦用这个模型轻松地推导出，如果使用不可压缩的流体代表场，则在相同的体积中总有相同量的流体，这是一个有趣的数学结果。

如果相同体积中总有相同量的流体，那么流体的流量会随着与源头距离的平方而下降。如果相同量的流体流经的空间越来越宽，其流速会随着该空间横截面的表面积发生变化。例如，一种液体以反方向通过漏斗，从窄的一端流到宽的一端。如果液体不能压缩或拉伸，必须填满所有可用的空间，那么它在漏斗的宽端要比在入口处流得慢，流动速度取决于开口的大小。

同样，如果我们认为液体从一个点涌出并流向各个方向，那么"开口"的表面积就是一个球体的表面积——$4\pi r^2$，r是球体半径——所以液体需要填充的表面积会随着与中心距离的平方而增加。我们看到流体的运动速度变慢了——在麦克斯韦的类比中，这意味着场的强度下降了，下降速度随着与源头距离的反平方而增加。这正是电磁场实验中所发生的情况。

如上所述，麦克斯韦惯于用类比方法（模型与现实不直接相关）得出有用的结果。在名为《论法拉第力线》（*On Faraday's Lines of Force*）的论文中，他评论道：

> 我甚至不认为流体类比包含了任何真实物理学理论的影子。事实上，在表面上没有说明任何事情，正是它作为一种临时研究工具的主要优点。

麦克斯韦的流体模型不仅与法拉第的力场吻合，还预测了传统的"远距离作用"数学上的平方反比定律，且能更好地处理材料之间的边界问题。虽然麦克斯韦还不清楚如何分步建模变化的电场和磁场（这是解释法拉第发明的发电机和电动机的许多现象的关键），但对于一个20岁出头、大学刚毕业的年轻人来说，已足够令人震惊。麦克斯韦在剑桥哲学学会（Cambridge Philosophical Society）作了报告，并将论文《论法拉第力线》寄给了自己的偶像，在伦敦的迈克尔·法拉第。

当时的法拉第60多岁，仍在皇家科学研究所工作，他回复麦克斯韦：

> 我收到了你的论文，对此表示感谢。我并非对你提出的关于"力线"的内容表示感谢，因为我知道你是怀着对哲学真理的兴趣

完成了这一工作；我对这一工作心怀感激，因为它极大地鼓励了我进行更深入的思考。起初，当我看到涉及该理论的这样一种数学表达时，几乎被吓住了，你的论证竟然如此出色。

斯韦妖 为了工人的利益

我们知道，法拉第从未接受过大学教育。在皇家科学研究所工作以前，法拉第接受过的最接近于正规的训练是参加城市哲学学会，一个旨在帮助那些出身卑微的人快速成长的团体。尽管麦克斯韦成长于相对优越的环境，但他从生活在格伦莱尔的人中了解到工人提高教育水平的机会有限，以及法拉第如何从哲学学会中受益。作为麦克斯韦，他不能袖手旁观，不能指望别人去解决这个问题。

在剑桥大学，麦克斯韦是"工人学院"（Working Men's College）①的创始人之一，学院开办夜校以帮助学员们成长。他不仅亲自授课，还参观了当地的企业，要求企业允许工人们在听课的晚上可以提前下班。在1856年3月写给父亲的一封信中，他指出：

> 我们鼓动商店提前打烊，得到了所有铁匠和鞋匠的支持（只有一家例外）。书商们已经这样执行了一段时间。皮特出版公司（Pitt Press）坚持晚间营业，我们恳请它提前关门。

麦克斯韦坚持着这种服务以及帮助出身卑微的人提高学习热情。他定期参与当地工人的教育组织，如在工业城镇和城市中经常能找到的技工学校。

很快，麦克斯韦就适应了作为研究员的新职位；不过，他仍然很珍

———————————

①今天，批评工人学院只招收男学员是错误的。当时，麦克斯韦生活的时代，社会对妇女教育的考虑有限。

惜在苏格兰的夏天，无论是在格伦莱尔还是与亲戚共度时光。1854年，他迎来了第一次有记录的爱情。麦克斯韦在湖区参加了姨妈凯组织的家庭旅行。他与舅父的孩子们一起玩耍，其中之一是麦克斯韦的表妹丽兹（Lizzie）。丽兹14岁，23岁的麦克斯韦很快坠入爱河。丽兹的年龄在当时并不像今天这样令人担忧，当时的女孩在经过漫长的求爱后通常在16岁左右结婚。然而，家里人似乎对这桩婚事持反对态度。

人们担心近亲结婚的风险，尽管这在上层社会中比较普遍，尤其是在皇室中。克拉克家族和麦克斯韦家族自第一次通婚后的一个多世纪以来，近亲结婚时有发生。不过，这并未发生在麦克斯韦的婚姻中。麦克斯韦和丽兹的通信未能保存下来，后来通过丽兹的90岁的女儿的口述，他们短暂的恋爱故事才为人所知。

1854年的另一件大事是麦克斯韦成为了治安法官（Justice of the Peace）——地方法官。目前，尚不清楚麦克斯韦担任治安法官的次数，这个角色通常由庄园主担任。不过，这体现了麦克斯韦的责任感。在后来继承格伦莱尔庄园时，这种责任感显露无遗。

1855年，他的朋友塞西尔·门罗写信给麦克斯韦说："牛顿的书必须被重新翻译出来，这是你应该做的事情。"这是指牛顿的代表作，冗长且难以理解的著作《自然哲学的数学原理》，通常称《原理》。这部三卷本的著作包含了牛顿的运动定律和他的引力研究，最初以拉丁文出版。它曾于1729年由安德鲁·莫特（Andrew Motte）译为英文；但到了19世纪50年代，陈旧的版本已无法作为严肃的科学文献供人们使用。

这并不令人惊讶，当时，人们对这位伟大的英国科学家的重要著作的更准确的英文版有需求。门罗幽默地指出，"麦克斯韦的拉丁文不错……虽然你在大学的入学考试中并未表现出这样的素养"。门罗认为，麦克斯韦还未被选为三一学院的研究员，缺乏更多的古典文学的学习也许是一个重要的原因。

麦克斯韦诙谐地回信道：

亲爱的门罗：

　　某人以争吵的方式对付你，回答是一件可怕的事。我不会与他争论，至少不会像他对我那样。我乐意为牛顿的译者提供力所能及的任何帮助，而不是完全接手他的工作。对此，我尚未作好准备。当下，我需要尽快考虑为《数学杂志》（*Mathematical Journal*）翻译巴特勒的《类比》[①]。

这封信和麦克斯韦的一些其他信件写于爱丁堡的印度街18号，与克拉克·麦克斯韦家族的老宅很近。印度街14号的老宅在格伦莱尔建成后就被租了出去，麦克斯韦一家再未居住过那里。麦克斯韦去了剑桥后，姑妈伊莎贝拉从赫里奥特街搬到了印度街18号，即麦克斯韦在爱丁堡的住所。

斯韦妖 麦克 新的目的地

　　麦克斯韦在剑桥站稳了脚跟，在这个阶段，他很可能进一步发展自己的关于电和磁的想法。但在1856年2月，老教授詹姆斯·福布斯写信告诉他，"阿伯丁的马歇尔学院（Marischal College in Aberdeen）有一个职位空缺——自然哲学教授"。福布斯认为，这是一个理想的职位，非常适合麦克斯韦。

　　正如福布斯所说：

　　我不知道你对此是否有兴趣，但我还是想提一下，"我认为，如果不是由一个苏格兰人来担任就太遗憾了，你是最合适的人选"。

　　[①]这是约瑟夫·巴特勒（Joseph Butler）的书《自然宗教与启示宗教之类比》（*The Analogy of Religion，Natural and Revealed，to the Constitution and Course of Nature*）——不是一个数学标题。

没有证据表明麦克斯韦以前去过阿伯丁，阿伯丁离爱丁堡有120英里（约193公里）远，远不如剑桥复杂。毫无疑问，这个乡下孩子在爱丁堡和剑桥磨掉了许多棱角，也许让他对宽松的人文环境有所期待。而且，以教授职位启动自己的职业生涯，足以令人印象深刻。

福布斯还不厌其烦地强调，他对这项任命未作任何干预，权力在王室的手中（他是否在此事上照顾了麦克斯韦，人们不得而知）。麦克斯韦收到福布斯的通知后，在给父亲的信中指出：

> 我认为，越早进入正规的工作越好，进入这种工作的最好方法是通过申请以表明自己的准备程度。任命在于皇室——法务大臣（Lord Advocate）[①]和内政大臣（Home Secretary）。我想，正确的做法是将由名流签发的奖状寄给这些官员。

获得学士学位不到两年，24岁的麦克斯韦就成为了教授，这在今天似乎难以想象。然而，当时的学术职位的等级制度和要求远低于今天。事实上，当时的麦克斯韦满足了这个职位所需的全部条件，因为他已于1855年10月成为了三一学院的研究员。他的朋友威廉·汤姆森和彼得·泰特都在年轻时获得了教授职位——汤姆森在22岁时成为了格拉斯哥大学的自然哲学教授；泰特在23岁时成为了贝尔法斯特大学的数学教授[②]。

寄出求职申请并向大人物们发出一连串皇室任命所需的请求后，麦克斯韦在复活节假期回到了格伦莱尔。他的父亲罹患肺部感染已有一段时间，且病情日渐加重。约翰·克拉克·麦克斯韦于1856年4月3日去

---

①法务大臣是苏格兰的高级法律和政治官位，当时由詹姆斯·蒙克里夫（James Moncrieff）担任。

②瑞士数学家莱昂哈德·欧拉（Leonhard Euler）19岁就成为了圣彼得堡的教授，比他们都早。

世，留给麦克斯韦的是作为格伦莱尔庄园负责人的重大责任。

父亲去世三周后，麦克斯韦给自己的朋友刘易斯·坎贝尔写道：

> 学期结束后，我必须回家，照顾那里的一切。这样，我才能知
> 道自己该做什么。我必须做的第一件事是继承父亲的工作，亲自照
> 看家里的一切。为了做到这点，我要查阅他对过去所做事情的定期
> 记录（以及所有的回忆），那里有我想知道的一切。

此时，你也许会认为，麦克斯韦继续自己的学术研究将变得艰难。
但在同一封信中，他明确表示，父亲认可他的事业并认为他可以做好
平衡。

> 我的追求，既是我的愿望，也是父亲的愿望，我应该继续下
> 去。过去，我一直认为，我应该从事某种允许有长假在家的教职；
> 当我父亲听到阿伯丁的教授职位时，他非常赞同。最近，我并未听
> 到新消息，但我相信法务大臣还未将我的名字从名单中剔除。

麦克斯韦是正确的——他的名字排在名单的首位，他被正式授予了
这个职位。他将在剑桥度过余下的学期，并在暑假里打理好格伦莱尔的
事情。假期里，他抽空进行了关于颜色和土星环的研究（稍后再谈）；
但毫无疑问，从父亲那里继承的责任是第一位的。

在给大学同学理查德·利奇菲尔德（Richard Litchfield）的信中，他
写道：

> 时间很紧张，我的工作量远超预想——例如，检查两套房子的
> 状况、供应木料给工人修盖屋顶，以及各种类似的事情；还要调查
> 年轻神职人员的工作，因为我们的牧师本周意外去世，教区缺乏常
> 驻管理者。此前，教区还有一位罗马教派（即天主教）的女赞助

人，但她已搬至爱丁堡居住一年，并谢绝所有朋友的见面。

尽管工作量很大，但麦克斯韦仍然将格伦莱尔管理得井井有条，并在那年秋天搬到了阿伯丁。

妖之插曲Ⅲ　原子变真实，热动起来

1856年夏，JCM完成了从一个青年向一个男人的转变；事业实现了从大学毕业生到教授的飞跃；他失去了父亲——他与父亲的关系很好——成为了格伦莱尔的庄园主；他从一个较繁华的城市搬到了一个较偏远的地方，他将在那里脱颖而出。

年轻的教授将在阿伯丁迎接我（妖）的诞生，因此，我们必须了解一些原子（和分子）以及热问题的知识。

原子的存在

原子和分子真实存在是JCM对热力学和气体力学的核心思考。今天，这或许是一个微不足道的问题；但19世纪50年代，大多数科学家对原子存在的看法充满怀疑。当时，原子被认为是解释化学元素合成方式的有用概念，但人们并不确定它是否真实存在。正是它的实在性刺激了人们的思考，也将成就JCM在他那个时代的荣誉。

早在公元前5世纪，古希腊哲学家德谟克利特（Democritus）就提出了原子的概念[①]。它似乎是合理的，比如你将某物体无限切割，得到的碎片会越来越小。德谟克利特认为，最终，你会得到一块小到无法再切

[①]他的老师留基伯（Leucippus）也参与了相关的研究，但几乎找不到证据。也许，这是德谟克利特为自己的理论获得支持而编造的"假新闻"。如果是这样，他就是我喜欢的人。

割的碎片（并非刀不锋利）。他将这样一块无法再切割的东西称为原子。

虽然这种思路有一定的逻辑性，但它作为一个科学理论的证据不充分——因为它什么也没解释。德谟克利特没能将原子概念与任何的元素理论结合，这也许能简化对物质的描述。同时，竞争对手恩培多克勒（Empedocles）提出了四元素理论（土、气、火、水）。四元素理论虽然是错误的，但比早期的原子理论更具有实用性，且得到了伟大哲学家亚里士多德的支持。

亚里士多德引入了第五元素，即以太，从月亮到地球的一切都由以太构成。原则上，没有什么可以阻止亚里士多德的元素理论。但不幸的是，他厌恶完全空虚的空间，他不喜欢真空或虚空的概念。

这种厌恶背后的逻辑错综复杂，以现代人的眼光来看，甚至有些讽刺。亚里士多德认为，虚空或真空如果存在，就一定存在类似牛顿第一运动定律的理论——任何运动物体都不会停止，除非有什么东西迫使它那样做。亚里士多德观察到，自然界似乎没有发生这种情况，因此他认为这种理论有缺陷（虚空不可能存在）。

然而，如果虚空或真空不存在，原子也难以存在，因为原子必须以一种完全填满空白空间的方式组合在一起——只有在极少数的情况下例外，如立方体。假设你至少需要四到五种不同类型的原子，要求原子之间没有空间几乎不可能。亚里士多德（凭着特有的固执）不允许发生这种事情。

亚里士多德的观点长期受到人们的认同，直到伽利略的时代依然如此。此后，在原子被人们认真对待之前，又过了相当长的一段时间。直到19世纪，原子才开始真正成为一个现实的科学概念。这在很大程度上要归功于约翰·道尔顿（John Dalton）的工作，他是英国贵格会（Quaker）成员，大部分时间工作于曼彻斯特（Manchester）。与法拉第类似，道尔顿也是自学成才——由于宗教信仰，他无法上大学，当时上大学需要成为英国圣公会（Anglican Church）的成员。

19世纪初，道尔顿设计了以原子为基础的元素概念，这是气体实验的成果。在这种理论中,任何特定元素的每一个球形原子都具有相同的重量。早在1803年,他就从最轻的氢入手研究不同原子的相对重量。他认为许多物质是化合物,它们是由两种或两种以上的原子构成的分子。

道尔顿的工作很艰难,其实验设备多数依靠自制(质量不高),即使以当时的标准衡量。他弄错了一些元素的重量,并错误地认为化合物由最简单的组合构成——例如,水分子是HO(一个氢原子),而不是我们熟悉的H_2O(一对氢原子)。

他将原子建模成不同大小的球体。在研究过程中,他忽略了一个问题,如果一个"更大"原子的重量是氢的几倍,也许它是由多个氢原子组成。虽然道尔顿经常将元素的相对重量写成整数,但他并不认为那是精确值,只是方便于研究的近似值。

在JCM思考原子的时候,原子似乎已受到了人们的广泛接受。当时,人们普遍认为,原子是一个有用的模型,但并不一定是物质内部的实际结构。就像JCM并不认为电是一种流体,它只是一种有用的类比。物质可以被描述为原子的集合,但这并不意味着原子是真实的东西。不信,你可以尝试能不能用镊子将它夹起。

直到1905年——爱因斯坦在他的伟大论文中表明了分子的大小可以计算——原子的实在性才逐渐受到主流的重视。JCM的朋友彼得·泰特与威廉·汤姆森共同参与英国教材的编写,泰特曾扫兴地对一位朋友说:"汤姆森不认同原子真实存在;虽然我不是激进的支持者,但原子的确有利于理论解释。"19世纪中叶,仍有少数科学家坚持认为原子和分子真实存在——JCM就是其中之一。

斯麦克韦妖 一个更好的热模型

JCM对原子感兴趣,并不是为了思考物质的本质,而是为了解决当时的一个紧迫问题——解释热传导原理。历史上,人们对热的认知局限于天气是否足够温暖以带来舒适，火是否足够热以烹饪食物①。到了 19 世纪，蒸汽机成为了工业和交通业的统治性动力源。但要了解蒸汽机的核心工作原理，需要发展一个新的物理学分支——热力学，JCM 将深入这项工作的核心。

之前，我们曾谈过热力学第二定律；现在，让我们更深入一些。19 世纪初，关于热本质的盛行理论是热质说。这种理论认为热是一种叫做热质的液体，自我排斥是热质的基本特性之一。这意味着，如果你让一个较热的物体挨着一个较冷的物体，前者的热质会多于后者。这还意味着，较热的物体的热质有更多的排斥性，故而热质会自然地从较热的物体进入较冷的物体直至达到平衡。热物体会变冷；冷物体会变热（又是第二定律）。

热质说似乎很有效，但它是错误的。除了支持第二定律外，它还预测气体会随着温度升高而尝试膨胀，因为有更多的热质可以进入。1824 年，法国科学家和工程师萨迪·卡诺（Sadi Carnot）基于热质说发展了热力学的第一个概念，解释了蒸汽机效率的限制。将卡诺的思想引入现代热力学观点的人，是 JCM 的老朋友威廉·汤姆森，后来的开尔文勋爵。

汤姆森在构想热力学理论的工作中得到了詹姆斯·焦耳（James Joule）的帮助。焦耳曾接受过道尔顿的指导，但他否定了热质说。他表明，热并非一种特殊的流体，而是一种能量的显化，它可以可靠且持续地与机械能相互转换。这里，还要强调德国物理学家鲁道夫·克劳修斯（Rudolf Clausius）的贡献，他与汤姆森（和麦克斯韦）同时进行了热力学的研究。

这群天才的研究成果是几个热力学定律的推出。其中两大定律分别是第一定律——能量守恒，指出能量既不能被制造也不能被破坏，只能从一种形式转换为另一种形式（包括热）；第二定律（我的妖定

---

①或者，妖是否因足够热而躁动。

律）——热量可以自发地从温度较高的物体传递到温度较低的物体，不能反向传递。

记住，热是一种能量，了解这种能量在物质中的显现方式很重要。如果气体中的物质是由真实的原子和分子组成，那么这些微小粒子的运动将有可能被描述为热能——粒子运动速度越快，气体越热[1]。正是出于这个原因，JCM将原子纳入了自己的研究。

不过，我们似乎说远了。年轻的詹姆斯·克拉克·麦克斯韦即将就任马歇尔学院的自然哲学教授，他即将前往花岗岩城。

---

①实际情况更复杂一些，因为能量可以藏在不自由运动的分子的振动中，还能藏在原子周围电子的能级中。不过，这是一个好的起点。

3　年轻的教授

今天，在英国大学的名录中已经找不到马歇尔学院这个名字了；但在1856年4月，24岁的面容青涩的麦克斯韦被任命为董事和自然哲学教授（8月开始工作）时，它是苏格兰学术界的翘楚。学院里那座巨大、阴沉的灰色花岗岩主楼仍然矗立在阿伯丁市中心的布罗德街，现在由市政府使用。在麦克斯韦的时代，学院是一所受人尊敬的学校，其历史可以追溯到1593年。和当时的所有古老学院一样，它提供的教育范围比当时的大学广泛，但大多数学生仍然会走向法律、教会、医学或教育的职业道路。

一座分裂的城市

麦克斯韦初到新东家时，空气中弥漫着关于学院关闭的种种流言。当时的苏格兰有五所大学，其中两所在小城阿伯丁，阿伯丁约3.5万人[①]。马歇尔学院与比它大100岁的国王学院共享这座城市。马歇尔学院建立于宗教改革前。实际上，"共享城市"并不是严格意义上的真实情况：城市本身被一分为二，仿佛在两个机构之间站了边。

"旧"城和"新"城几乎是独立的，中间有1英里（约1.6公里）的距离。阿伯丁旧城是遗迹区，是乡村景观中的一个岛屿，由国王学院本

---

①1856年的城市不大，但与英国最大的城市伦敦的人口（约260万）相比，阿伯丁显然是小城，其规模只有同时期兰开夏郡（Lancashire）小镇博尔顿（Bolton）的一半。

部、老教堂以及在那里工作的人的住房构成；马歇尔学院位于更大、更繁荣的新城。19世纪初，这里以一览无余的联合街为中心开始了大面积的重建。这是一条宽70英尺（约21.3米）的林荫道，突出了花岗岩城市的典型特征——因此，在麦克斯韦的时代，这里的确是一座新城。

虽然阿伯丁的城市规模相对较小，但商业根基却很牢固——除了标志性产品花岗岩，港口设有造船厂且有大量的纺织品出口。1850年的新发展——从爱丁堡至伦敦的铁路线得以开通——让城市贸易更加开放。交通的便利加强了阿伯丁对人才的吸引，如麦克斯韦这样的访客。

当他被任命时，两所独立大学的宗教分歧正趋于缓和。2年后，1858年，剑桥大学取消了本科生必须是英格兰教会或其附属机构（如苏格兰圣公会）成员的要求。事实上，英国早在1837年就成立了一个皇家委员会，研究在阿伯丁设立两所独立大学的必要性。

一些人反对合并；一些人支持合并。麦克斯韦并不为此忧心，他的当务之急是在新的城市安置住所。他住在离学院很近的拜尔斯（Byers）太太那里，从他的房间通过一个古朴的螺旋楼梯能到达位于联合街129号的一家律师事务所，J.D.米尔恩律师事务所。现在，这个地方挂着一连串人们熟悉的商业街招牌，从麦当劳到手机店。

麦克斯韦从不关心政治，他一直埋头于工作。事实上，他在给姑姑的信中指出：

> 我一直和国王学院的人保持着友好的关系，他们似乎也很友好。我的行为并未受到同事们的责备，但我发现我们一些教授的家属与国王学院的人从无来往。

与这座城市的规模匹配，马歇尔学院的规模不如牛津剑桥的学院，麦克斯韦初到那里时只有20名教职工（14名教授和6名讲师）以及250名在读学生。这是一个令人羡慕的职位，学期不长（11月至次年4月）——教师有充足的时间从事自己的研究，学生可以回家种田或从事季节性工作。麦克斯韦可以将充足的时间留给格伦莱尔，既能研究自然哲学又能对庄园进行维护。

虽然麦克斯韦早年就已习惯了在相对独立的环境中工作，但从剑桥充满活力的氛围以及使徒会的智力交锋突然转到马歇尔的学术洼地，依然令他震惊。他渴望与学术同行交流，交流前沿思想和令人愉快的玩笑，但马歇尔的其他工作人员太年长。在当时的大学，年轻教授也许并不鲜见，但一定不是马歇尔的传统。马歇尔学院教职工的平均年龄为55岁，与麦克斯韦年龄最接近的一个教职工也有40岁了。

这并不意味着麦克斯韦不受欢迎；恰恰相反，他经常被邀请与其他教职工一起吃饭。不过，这里的环境与剑桥截然不同，麦克斯韦写给朋友刘易斯·坎贝尔的一封信说明了情况："我已有两个月没开过玩笑了，他们不理解任何形式的笑话。想开玩笑时，我会咬住自己的舌头。"

他的讲课很糟糕

关于麦克斯韦早年作为教授的能力，似乎要一分为二来看。与其他一些伟大的人物相似——例如牛顿和爱因斯坦——他讲课的能力稍显不足，如彼得·泰特后来在麦克斯韦的讣告中说：

> 他的思维速度很快且无法控制，适合面向优等生，这一点让他讲课的效果大打折扣。他的书以及他的书面发言是清晰和精确论述的典范；他的即兴演讲却很糟糕，演讲虽然展示了他丰富的非凡的想象力，但令听众感到头疼[1]。

---

[1]这句话看似批评，实则为泰特对朋友的原创性思维充满激情的高度赞扬。

Professor Maxwell's Duplicitous Demon

　　麦克斯韦在阿伯丁最优秀的学生之一戴维·吉尔（David Gill）①说，"他的讲课很糟糕。"从吉尔的听课笔记来看，麦克斯韦准备了逻辑清晰、结构严谨的提纲，但他惯用类比的教学方式令学生无所适从。他时常出现计算错误，这对他的讲课毫无帮助。在论文中纠正这些错误是容易的，但在讲课时出现这些错误却给学生制造了知识雷区。

　　当然，麦克斯韦在阿伯丁的讲座听众与今天的大学物理学学生有很大的不同——当时，物理学只是他们4年课程中的众多主题之一，他们还要学习包括希腊语、拉丁语以及逻辑学的所有其他内容。不过，马歇尔学院学生的素质不错。马歇尔学院设有入学考试（在当时的苏格兰大学中与众不同），收取相对较低的学费（5英镑），有大量的助学金。这意味着，学生凭借成绩赢得入学机会，约有50%的学生来自工薪家庭。

　　只有在三年级，自然科学才会在50名左右的学生中占主导地位。在开学典礼上，麦克斯韦强调，上他的课程需要转变观念：

　　　　摆在我们面前的工作是对自然哲学的研究。我们将在几个月的时间里研究物质运动的规律。当我们下次在这间屋子里集合时，我们的头脑要排除掉其他想法，只剩下那些必然产生于空间、时间和力的关系的想法。今天是我们最后一次有时间自由讨论并选择这门课程，因为，一旦我们参与其中，科学本身的属性将拽着我们始终如一地持续关注。因此，我请你们认真考虑，是否准备好了在本轮学习期间全身心地投入到物理学，是否能放下语言学和伦理学的大众化追求，而去研究一门以数学为语言、以真理为唯一法则的纯理性学科。

　　麦克斯韦比同时代的大多数人更重视数学，也许过分重视数学（也包含诙谐语言）是他未能得到多数学生喜爱的原因。同样值得强调的

---

①戴维·吉尔是麦克斯韦在阿伯丁的学生中唯一一个成为科学家的人——他后来是好望角的女王天文学家（Queen's Astronomer），并成为了英国皇家天文学会的主席。

是，麦克斯韦那个时代的标准教学不涉及任何实验室的工作。尽管他被认为是理论物理学家，但他非常重视实验研究，从他的开学讲话中可以看出：

关于物理定律的真实性，我将自己的观点告诉你们——我认为，真实性只取决于实验是否能将其证明，真实性与实验无关是难以想象的。我对这个问题的回答源于我们对待科学基础的整个方法。

没有理由相信，人类的智力可以在无实验的情况下自己构建出一个物理学体系。每当进行这样的尝试，结果都将产生一大堆不自然的、自相矛盾的垃圾①。事实上，除非我们面前的东西可以推理，否则你会立即迷失。

阿伯丁的学生缺乏实践机会，并不意味着麦克斯韦会局限于"粉笔和说话"授课。演示教学已经在英国皇家科学研究所等公共场所和大学物理教学中成熟起来。麦克斯韦发现，马歇尔学院的储藏柜里有不少演示设备，即便不是最新的。

虽然授课技巧尚有不足，但麦克斯韦仍是一位备受称赞的教授。他非常注重实践，乐于与对科学课题感兴趣的人讨论交流。曾称他为"糟糕讲师"的戴维·吉尔评论，"麦克斯韦的教学影响了自己一生。学生们发现，如果他们努力提问，忍受他的讲课是值得的"。麦克斯韦还为四年级的学生开设了一门高级选修课——非大学正式教学计划的一部分——引入了牛顿定律、电学和磁学等内容。这些主题的技术性非常强。当时，阿伯丁没有荣誉学位，但麦克斯韦为物理学课程设立了同等智力的学位。

_____

①一些人强调，这种情况完全适用于现代物理学，今天的一些理论常常不受实验或观察的限制而肆意妄为。

指环王

在马歇尔学院任职期间，麦克斯韦投入了较多的精力去冲击剑桥圣约翰学院（St John's College）设置的亚当斯奖，这显示了他思考疑难问题的广度。这是为纪念约翰·库奇·亚当斯（John Couch Adams）而设立的一个竞赛。亚当斯曾提出了大量的早期数据表明海王星的存在，不幸的是其观测结果没有得到人们的重视，让法国的海王星共同发现者勒维耶（Le Verrier）摘得了桂冠。

亚当斯奖的题目原则上可以设置在任何数学、天文学或自然哲学的问题上，但早期的题目以天文学为主。这并不奇怪，因为负责出题的乔治·艾里（George Airy）和詹姆斯·查利斯（James Challis）都是天文学家。挑战赛通常需要付出很多努力，所以竞争者并不多。麦克斯韦报名参加了1855年的题目，要求在1856年底之前提交答案，1857年公布结果。这是该奖项的第四次挑战（一年一次）——前三年中，有两年只有一个参赛者，有一年没有参赛者。

1855年的主题是土星环，正如我们知道的，麦克斯韦在前往阿伯丁之前的那个暑假就已开始了研究。伽利略通过他那简陋的望远镜看到了这颗行星外表的一些奇怪处，并把它画成了耳状壶柄的样子，他以为自己看到的是三颗互相对峙的恒星。从那时起，土星环就成了一个谜。这种结构在太阳系中独一无二（今天，我们知道其他气态巨行星也有星环，只是不如土星那样引人注目），它似乎违背了自然规律。

这次比赛设置的挑战如下：

处理这个问题的前提是，在系统构造上，土星环与土星完全同心或非常接近同心，且围绕土星的赤道平面对称布置。可以根据土星环的物理成分构建不同的假说：（1）它们是刚性的；（2）它们是流体或部分气体；（3）它们由大量且不相互连贯的物质组成。要回答这个问题，需要根据这些假设分别确定该行星和星环之间的相互吸引和运动是否满足力学稳定性的条件。

最好能尝试着从上述假说中找出一个最佳者以完美解释亮环和最近发现的暗环，并指出可以解释现代和早期的观测结果发生变化的全部原因。

粗略地看，土星环似乎为麦克斯韦提供了一个奇怪的研究课题。虽然他对物理学有着广泛的兴趣，但除了年轻时在格伦莱尔欣赏夜空外，他从未对天文学表现出更多的热情。有人认为，他参加比赛只是为了挑战，同时拿到一笔不菲的奖金；他对天文学的兴趣远不如气体和电磁学。

麦克斯韦将他的数学专长恰当地运用到了土星环上，这个难题曾挑战过许多伟大的科学家。最早发现土星环的是荷兰科学家克里斯蒂安·惠更斯（Christiaan Huygens），他认为星环由一个单一的固体平面结构组成。后来，随着望远镜对星环细节解析能力的增强，人们猜测土星周围有多个星环。1675 年，意大利天文学家乔凡尼·卡西尼（Giovanni Cassini）首次注意到，似乎存在一个将两个环分割开来的暗带，或者这条暗带本身就是同一星环的暗部。

1787 年，法国数学家皮埃尔-西蒙·拉普拉斯（Pierre-Simon Laplace）用数学方法证明了土星环是不连续的、非对称的固体结构，没有任何材料能坚固到可防止土星引力将其撕开。后来，麦克斯韦在他的获奖说明中指出，"例如，铁在巨大引力的作用下不仅会变形，还会部分液化。即使土星环可以旋转，能部分抵消试图将其撕裂的引力，但这种运动无法稳定整个局势——因为这样的模型要求环的内部运动速度高于外部，这与现实中单一固体环的情况恰好相反"。

拉普拉斯认为，固体环中的质量分布不均匀，故而能维持固体环的稳定。麦克斯韦表明，如果拉普拉斯是正确的，维持这个结构的稳定显然需要一颗巨大的"钻石"，80%的质量集中在一个点上。用当时的望远镜应该能清楚地看到这种严重不均匀的质量分布，但事实并非如此。

接下来，麦克斯韦考虑了一种可能性，固体环或许是液体带，一种环绕行星的太空河流。他开始研究更复杂的处理流体动力学的数学，并写信给朋友刘易斯·坎贝尔：

> 我一直向土星问题发起进攻，每隔一段时间就会回到这个任务上来。我已在固体环上找到了几个突破口，现在又跳到了流体环上，在符号的冲突中[1]，令人震惊。

在这里，麦克斯韦使用了一种数学工具——傅里叶分析。一直以来，这种工具被人们以一种特殊的方式使用，直到19世纪才得到普及。这是法国数学家约瑟夫·傅里叶（Joseph Fourier）的功劳，他在1807年发表的一篇关于热量通过固体传递的论文中指出，"任何连续函数（任何可在连续图形上表示的东西，无论其形状）都可以分解为形式简单且规律重复的组件，如正弦波"。

这看起来似乎不太可能。事实上，即使是"颠簸"的函数也能用这种方法分解，如方波，只要允许无限的组件集来准确地组成（见图3）。

今天的物理学家和工程师已非常熟悉傅里叶分析，但它在麦克斯韦的时代是个新事物。通过傅里叶分析，麦克斯韦表明，如果环中出现扰动（由于土星卫星和木星的引力吸引，扰动不可避免），波的结合方式会使流体无法像土星环看起来那样连续——它们不稳定，液体或气体会以大球状聚集。实际上，如果环是流体，土星最终会得到很多像斑点一样的小卫星。

---

[1]麦克斯韦风趣的比喻。

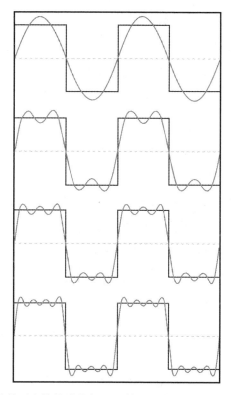

图3　随着更多简单波的加入，结果越来越接近于方波

在排除了固体环和流体的情况下，麦克斯韦推断，土星环很可能是大量小颗粒的集合体，被引力固定在那里。由于我们和土星距离太远，无法对单个颗粒作辨别。这种分析经受住了时间的考验，也得到了对土星环的近距离观察的验证。他的方法包括探索同一轨道上一系列小卫星位移的数学规律，观察扰动引起的波如何在不破坏环的情况下传播。

麦克斯韦得出结论："因此，力学分析的最终结果是，唯一能够存在的环形系统是一种由不定数量①的不相连颗粒组成的系统，这些颗粒根据不同的距离，以不同的速度绕着土星旋转。"它不仅是唯一的稳定结论，符合问题的第二部分，还是唯一能合理解释多环结构的结论。

麦克斯韦用"E pursimuove"这句话作为自己文章的开篇（传言，

————————

①意为不确定的有限数量，非无限数量。

这是伽利略受审后低声说出的话），意思是"然而，它的确在动"。当时，参赛者必须在文章的开篇写上一句名言，组织方用一份单独的文件将考生姓名与名言关联，评审时隐去姓名直至评审结束才揭晓。结合题目，选择这句话颇为奇怪。也许，麦克斯韦是为了纪念伽利略发现土星环而选择了它。

事实上，这句名言并不必要——麦克斯韦的作品是当年唯一的参赛作品且获得了奖项。皇家天文学家乔治·艾里评论，"这是我见过的数学在物理学中最杰出的应用之一"。麦克斯韦并未止步于自己提交的论文，而是充分考虑了评委提出的建议。在接下来的几年，他将这项研究持续了下去。他让阿伯丁的仪器制造商约翰·拉马奇（John Ramage）制作了一个机械模型，模拟了波如何在由36颗卫星（象牙制成）组成的环中传播。虽然现实中的卫星数量远远超过这个数字，但模型展示了快速运动的波如何在此系统中传播，这一切都发生在他发表最终研究结果之前。

麦克斯韦令人印象深刻的获奖作品也有局限性，土星环的动力学似乎是个一次性应用。如同他一生中的其他探索，他会作更深入的研究。行星系是一个复杂的课题，许多问题科学家至今也未完全达成共识，如太阳系的形成。目前，普遍接受的观点是气体和尘埃盘的聚集，这在很大程度上应归功于麦克斯韦对土星环的研究。为了纪念，人们将土星C环的一个断口命名为"麦克斯韦缺口"。

这可不是麦克斯韦最后一次将数学和物理学结合，给他同时代的人带去震惊。事实上，麦克斯韦是将物理学推动至现代形式的最重要的参与者，将物理学从描述性的学科转变为以数学推动其发展的学科。当然，并非所有的早期物理学家都不重视数学。例如，牛顿发明了微积分，利于研究引力。现在，麦克斯韦更进一步，从用数学解释观测结果转变为建立具有生命力的数学模型。

阿伯丁的生活

与此同时，麦克斯韦并不满足于大学里的教学工作。与在剑桥的工人学院相似，他开设了夜校课程以支援阿伯丁科学与艺术学校的建设。这是一个致力于教育商人以及其他有日间工作而无法参加日间讲座的工作者的机构。正如我们看到的，带薪夜校教育通常与技工学校等机构有联系。这在19世纪很常见，帮助许多人提升技能。当时的学生们通常需要连续工作12个小时，从早上6点至晚上6点。为了学习，他们每年需支付8先令①的学费，从11月至次年4月，合计24堂课。科学与艺术学校并未给麦克斯韦提供上课的场所，但他能使用技工学校的图书馆，利用马歇尔学院的设施授课。

麦克斯韦在繁重的工作之余，重视社交活动，还坚持着写诗的习惯。1857年，麦克斯韦的朋友威廉·汤姆森主要忙于铺设跨大西洋电缆的工作，以实现英国和美国的信息通讯（电报）。在给刘易斯·坎贝尔的一封信中，麦克斯韦写道："我曾给汤姆森寄去了自己的关于土星环的'长篇论文'。但事实证明，他忙于工作而忽略了我的信。电缆铺设过程出现了故障，汤姆森将他的过度自信带给了工程师，工程师没有听从他的建议而弄'断'了电缆。"

麦克斯韦在信中加入了他在通往格拉斯哥的铁路上构思的一首歌的歌词。他指出，为了避免"徒劳的重复"，设（U）="在海底"，2（U）就代表了（U）的二次重复。"大西洋电报公司之歌"的前两段如下（以迪斯尼的《小美人鱼》中的一首歌曲作旋律，以表娱乐）：

2（U）

---

①约0.4英镑。

记下电报如何向我运动，

2（U）

有信号了，

随着一阵阵的晃动、晃动、晃动；

电报针在自由地振动，

每一次振动都在告诉我，

他们怎么拖、拖、拖，

电报沿着海底电缆发送。

2（U）

没有小信号来找我，

2（U）

肯定出了问题，

它断了、断了、断了；

为什么它不能发送，

有东西把电报线弄断了，

一下、一下、又一下，

或者是他们拉得太重了。

虽然土星环的研究是一次有趣的分心，但麦克斯韦并没有放弃他在剑桥时的色觉研究。用于观察不同颜色组合效果的色陀螺很有用，但其校准相对较差（精度不够）。麦克斯韦将自己的实验结果写成论文，迈克尔·法拉第收到麦克斯韦关于色陀螺、法拉第力线的论文后回信：

我刚读了你的论文，并表示衷心感谢！我打算将自己的两篇论文的复印件寄给你——并非因为它们值得关注，而是为了表示感谢，这或许是个好方式。

收到这样一封来自科学英雄的信，一定让麦克斯韦激动不已。

在阿伯丁，麦克斯韦将在色陀螺的基础上更进一步。在仪器制造商约翰·拉马奇的帮助下，他建造了一个"光箱"，能通过狭缝的宽度调节，改变不同原色光的数量。这些原色光束将被送入一个长方形的盒子，它们在那里被透镜聚焦以产生一种组合颜色。

这不仅能观察光的行为，还让麦克斯韦得以继续探索色觉的本质，尤其是色盲的起源。1860年，他因其在色觉方面的研究而获得了英国皇家学会颁发的价值极高的伦福德奖章（Rumford Medal）。事实上，在离开阿伯丁后，在伦敦，他仍然坚持着光箱的研究。

土星和色觉方面的成就无疑是麦克斯韦的小胜利——但这不是他在阿伯丁最重要的工作，只是一对有趣的消遣。他在1859年开始研究的气体动力学理论将为他带来更多的成就。虽然20世纪的人们认为麦克斯韦的主要成就在电磁学方面[1]，但在气体方面的研究被认为是他去世前职业生涯的亮点，电磁理论在当时并未受到广泛的认可。

然而，它的确在动

"气体动力学理论"这个词似乎不太准确，因为它还涉及很多热的性质和物质的性质。将其称为气体的统计理论或许更合适，它的核心是统计学，它对科学研究非常有用。然而，"动力学"一词在当时很有用，人们可以将新理论与主流的"静态"理论作区分。后者不认为分子在四处移动和碰撞，而是假设它们停着不动且忙着相互排斥，从相互排斥中产生气体的压力。

最初，统计学与科学研究并无关系，它通常用于国家的管理。到了18世纪，由于概率论的加入，它转变为一种基于概率预测系统行为的机

---

[1] 物理学家鲁道夫·佩尔斯（Rudolf Peierls）曾说，"如果你在半夜叫醒一个物理学家并喊出'麦克斯韦'，他一定会回答'电磁场'"。

制①。当时，气体被认为是一种模糊的弹性介质，其成分以某种方式相互排斥，故而气体会充满可用的空间。但德国物理学家鲁道夫·克劳修斯开创了一种新思维，认为气体的行为是大量随机移动、碰撞的物体相互作用的结果，只能用统计学的方法来处理。

统计学对抗个性或系统的混沌性。在数学意义上，由于因素之间频繁的相互作用，微小的初始差异会随着时间的推移产生出巨大的不可预测的变异。事实上，气体由大量行为独特的成分组成，它们没有单独的个性，只有少量的因素（如温度和密度）影响其行为。显然，它成了统计学分析的理想对象。

18世纪，数学家丹尼尔·伯努利（Daniel Bernoulli）首次将统计学理论运用到了气体上。在麦克斯韦的时代，对于那些相信原子的人来说，气体的行为可以这样理解——我们无法知道一个气体分子的行为，但一个房间里或许存在着亿万个这样的分子，我们可以对它们的行为作平均化理解。此外，人们逐渐意识到，它们的运动与热有关。

在麦克斯韦之前，热的性质存在着两种相互竞争的理论。我们介绍过，有一种方法将其描述为一种无形的流体——热质，可以从一个物体移动到另一个物体。早期的许多关于热机和能量守恒的研究皆由热质说完成。但在思考了气体中温度和压力的关系后，物理学家开始怀疑压力是由气体分子对容器的撞击而引起；热质这个复杂因素似乎没有存在的必要，实际上被测量的是构成物质的分子移动的能量。

这种新的热力学理论的开发者（尤其是克劳修斯和威廉·汤姆森）提出，温度是分子能量的统计量度，分子整体移动得越快气体的温度越高，压力是气体分子撞击容器壁的冲击力。不过，气体的行为中还有一项未能用统计学的观点作解释（留待麦克斯韦解决），气味的传播速度。

当某种有气味的物质——无论是香水或是令人不悦的东西——被释放到空气中，气味通常需要一些时间才能进入远处某些人的鼻子。然

①现代意义上的统计学最早由16世纪60年代伦敦的一个叫约翰·格朗特（John Graunt）的纽扣匠实践，他在咖啡馆中将其应用于保险业。

而，室温下，空气中的气体分子的移动速度远超100米/秒，气味为何不能立即到达？克劳修斯指出，问题在于气味分子从源头到他人鼻子的路程不自由且不容易——大量的其他分子阻碍了气味分子的运动，就像试图在碰碰车游乐场里以直线前行，很快就会遭到其他车辆的碰撞。如此，其他分子与气味分子的碰撞接踵而至，将气味分子随机撞向各种不同的方向，延长了它从A点到B点的运动时间。

想象一壶新煮的咖啡，一个气味分子开始了穿越厨房之旅。如果其路径上没有障碍物，它可以在不到1秒的时间内运动到客厅就餐者的鼻子前。但在现实中，它需要经历太多的碰撞以及方向的改变，要经过较长的路程才能运动到就餐者的鼻子前。克劳修斯从这个模型中推断出，虽然分子之间存在着碰撞，但其从A点到B点的旅程应该存在一个平均距离（平均自由程）。他无法计算这个距离，这个值或许有利于计算分子的实际大小。

麦克斯韦对克劳修斯的想法很感兴趣，但不喜欢他所作的假设。为了简化，克劳修斯假设所有的分子在特定的温度下以相同的速度运动。这种假设有利于数学计算，但失去了统计学要素，与物理现实存在极大的偏离。

温度并不取决于单个分子的速度（以及动能），而是取决于全体分子的平均速度。我们再思考一下厨房里刚煮好的那壶咖啡的实际情况，一些气味分子由于接触到热炉子或被太阳晒热的窗台而加快了运动速度；一些气味分子由于接触到较冷的物质（失去能量）而减慢了运动速度。在这个系统中，不同的速度和能量构成了一个整体的分布，了解概率对于平均值的分析至关重要。

统计学来拯救

麦克斯韦改变了人们对气体行为的研究方法，将统计学放在了重要的位置。他是第一代将统计学应用于科学研究的人。当麦克斯韦还是本科生时，概率论才刚开始进入大学课程。这项原本仅限于赌博①和保险费的技术，越来越被视为是一种研究物理学的有价值的工具。例如，詹姆斯·福布斯教授就曾试图用概率论评估一个双星系统的可能性，而不是简单地通过观察它们位于大致相同的方向而作结论（用望远镜来看，两颗恒星非常接近）。

当时，另一位著名的物理学家，卢卡斯数学教授（牛顿和霍金都曾担任过这个职位）乔治·斯托克斯（George Stokes）在剑桥成为了麦克斯韦的朋友。在麦克斯韦发展气体动力学理论时，斯托克斯为其提供了一系列经验数据。麦克斯韦指出：

> 从斯托克斯教授在空气中的摩擦实验来看，一个粒子在两次连续碰撞之间的行进距离大约是 0.00000005679 米，平均速度大约是 458.724 米/秒。因此，每个粒子每秒会碰撞 8077200000 次。

我们现在提到的气体中分子的速度即"麦克斯韦分布"，他提出的在给定温度下的分子速度分布的数学解一直使用至今。麦克斯韦在1860年发表的两篇论文只是这一主题的开端，论文涵盖了压力、热导率等一系列基础知识以及从分子的角度看黏度、气体在不同物质中的扩散方式等一系列内容。

关于黏度的研究，麦克斯韦得出了一个令人惊讶的结果，黏度是衡量流体对在其中运动的物体所产生的阻力大小②。黏度越高，气体（或液体）越抵抗运动。当时的人们认为，气体的黏度会随着气体的压力增加而增加。如同气体在压力更高的状态下对容器壁的推力更大一样，它对任何试图通过它的东西的推力也更大，使其速度变慢，这似乎是合

---

①最初，概率被设计出来是为了找到最佳的博彩选择。这意味着，它早期被认为是一种黑暗和肮脏的技术。对妖而言，它充满了吸引力。

②实际上，黏度被认为是衡量流体流动难易程度的标志。

理的。

但麦克斯韦的理论认为，黏度不受压力的影响。诚然，在较高的压力下会有更多的分子挡住去路，但这些提供运动阻力的分子本身也在运动，如同塞满球的球池和只有几个球的球池的区别。麦克斯韦通过计算证明，气体分子摆脱同伴的能力恰好可以抵消任何特定体积中额外存在的气体量。此后，麦克斯韦又花了几年的时间，用实验证明了这一点。

麦克斯韦为物理学作出了他的第一个伟大贡献——当时，许多人对这一贡献的赞誉明显高于他在电磁理论上的杰作。当然，这个课题也成为了麦克斯韦的标签。几年后，他在结束英国皇家科学研究所的一次演讲时被人们团团围住，迈克尔·法拉第笑着说："嘿！麦克斯韦，你出不去了吗？谁能从人群中找到出路，一定是你。"这显然是指麦克斯韦研究的分子运动。

他的分析结果并不完美，克劳修斯指出，麦克斯韦作了一系列的假设，错误伴随其中——在他的职业生涯中，计算错误并不鲜见。德国物理学家古斯塔夫·基希霍夫（Gustav Kirchhoff）后来评论说："他是个天才，但人们在接受他的结论之前，必须先检查他的计算。"然而，麦克斯韦对分子的研究似乎暂停了下来，再次回归动力学理论是几年之后。

一个新的家庭

麦克斯韦的工作引起了马歇尔学院的校长丹尼尔·杜瓦牧师（Reverend Daniel Dewar）的注意①。杜瓦是个有趣的人。他出身贫寒，父亲是一位盲人小提琴手，青年时期的杜瓦充当父亲的向导、搬运工和收银员，他们在苏格兰游历，寻找每一场演出的机会。后来，一位贵人

---

①与麦克斯韦同时代的另一位研究气体和温度的苏格兰物理学家詹姆斯·杜瓦（James Dewar）不能搞混，他致力于低温气体的研究并发明了真空瓶以保持气体的温度。今天，在格拉斯哥的布坎南画廊（Buchanan Galleries）外，有一座詹姆斯·杜瓦的雕像。

看中了杜瓦，认为他是一个有潜力的年轻人，花钱让他上了一所私立学校。

杜瓦后来成为了苏格兰教会的牧师。在被任命为阿伯丁格雷菲尔斯教堂（Greyfriars church）（与国王学院有联系）的牧师后，他受到了国王学院的关注并被选为该校的道德哲学教授。不幸的是，他作为传教士的名声越来越响（几乎成为名人），这与学院对教授的规范要求不符。杜瓦不愿意辞去自己的牧师职务，故而遭到解雇。他搬到了格拉斯哥，接管了那里的特隆教堂（Tron church）①。

1832年，杜瓦正是在这个职位上被选为马歇尔学院的校长。杜瓦是由官方任命的空降人员，他出身卑微以及不合时宜的成功无法受到学院教职工的拥戴。一些人指出，他是在"学院一致反对"的情况下获得的这一职位。然而，随着时间的推移，杜瓦的工作作风得到了人们的赞誉，特别是在其筹备资金建造令人印象深刻的新花岗岩主楼时（加强基础建设）。

麦克斯韦是校长宅邸的常客，那是一座简陋的房屋（考虑到杜瓦的职位），位于阿伯丁维多利亚西街13号。教职工人数不多或许是杜瓦能经常在自己住处见到麦克斯韦的原因。但很多人认为，他们的第一次接触源于一本由D.M.康奈尔（D.M. Connell）老师编著的《盖尔天文学》（*Gaelic Astronomy*）。这本书出版于1856年，由盖尔语写就，杜瓦对这门语言很感兴趣。或许正是对这本书的讨论，将麦克斯韦第一次带到了维多利亚西街。

当时，麦克斯韦25岁，杜瓦71岁，杜瓦的妻子苏珊60岁。很快，他的拜访不再限于单一的讨论。麦克斯韦与杜瓦讨论神学、哲学、文学、历史等广泛的话题，杜瓦是他从剑桥大学搬至阿伯丁的马歇尔学院后一直盼望着的自由思想者。正是在维多利亚街的房子里，麦克斯韦认识了杜瓦夫妇的女儿凯瑟琳·玛丽（Katherine Mary），她是家里的七个

①与迪士尼电影无关。特隆教堂（现在的特隆剧院）位于特隆盖特街，一条以称重天平的旧称命名的街道。

孩子之一（三个孩子去世，两个孩子未在家，只有凯瑟琳和弟弟唐纳德住在家里）。

比麦克斯韦大7岁的凯瑟琳对他的工作充满了兴趣，并帮助他做颜色实验。她对实验进行详细的观察，在麦克斯韦遇到困难时协助其脱困。1857年9月，麦克斯韦和杜瓦夫妇的关系变得更为亲密，杜瓦夫妇邀请他与他们共同前往苏格兰西海岸丹侬（Dunoon）附近的亲戚家度假。这个假期似乎巩固了他们的关系：1858年2月，麦克斯韦向凯瑟琳求婚。

他给姨妈凯写了一封信：

> 亲爱的姨妈，我写信是想告诉你，我要有个妻子了。我不打算列出一张有关她品质的清单；但我可以告诉你，我们彼此需要，且比我见过的大多数夫妇更了解对方。别担心，她不懂数学，但她不会停止对数学的学习。除了数学，她还会很多其他的东西。

这对夫妇于1858年6月2日举行了婚礼。麦克斯韦的终身笔友刘易斯·坎贝尔担任伴郎（几周前，麦克斯韦刚在布莱顿为坎贝尔扮演了相同的角色）。除了支持麦克斯韦在科学领域的实验，凯瑟琳还与他分享了更广泛的兴趣，从文学和神学到散步和骑马（他们不喜欢任何涉及杀戮动物的行为）。虽然凯瑟琳不如麦克斯韦那般意气轩昂，但这并不影响他们成为一对般配的夫妻，他们在相对孤立的格伦莱尔过着幸福的生活。

协助"英国屁股"

在婚后的第一年，就工作而言，麦克斯韦最关心的是英国科学促进会（British Association for the Advancement of Science）的会议。该组织成立于1831年，旨在增进公众对科学的了解，简称BA，麦克斯韦习惯称其为"英国屁股"（British Ass）。与排他性的皇家学会或者以实验室为中心的皇家科学研究所不同，BA为普通人服务，它以广告的形式向大众传播科学知识，没有主楼和基金会。

BA每年都会举办大量的活动，一个活动通常会持续好几天——当时，它每年举办的年会就是现在所说的科学节，这些活动受到了人们的广泛关注。自1850年爱丁堡会议以来，麦克斯韦一直定期参加这些活动。会址通常提前一年确定——在1858年的利兹会议上，大家同意1859年的会议在阿伯丁举行。

麦克斯韦激动不已，但也冒出了一个问题，阿伯丁缺乏适合举办大型讲座的场地。虽然两所大学都有演讲厅，但更中心的马歇尔学院的主演讲厅只能举办小型会议，其容量无法满足BA组织的大聚会。

关于在阿伯丁建造一个音乐厅的讨论已持续了一段时间，BA会议为实现这一目标提供了支撑。音乐厅公司（Music Hall Company）开始考虑如何在联合街迅速建造一个宽敞的场地，麦克斯韦也是这家公司的股东。这座宏伟的建筑由花岗岩建造，高50英尺（15.24米），可容纳2400人，至今仍是阿伯丁城市的一大特色景观①。这次由阿尔伯特亲王（Prince Albert）主持开幕式的会议取得了巨大的成功。

亲王的出席是这次会议的一大亮点。除了组织者的功劳，地址或许也提供了助力。阿伯丁虽然远离伦敦，但它与阿尔伯特重视的一个新项目的选址地很近，仅50英里（约80公里）——巴尔莫勒尔庄园（Balmoral estate）。他在那里建造了一座新城堡，很快会成为维多利亚女王最喜爱的居所。麦克斯韦在主会场作了三场演讲——气体理论、颜色理论、土星环。

这次会议还有许多其他亮点，会议合计售出了2500多张门票；会议

---

①一则趣闻："20世纪初，麦克斯韦早已去世，音乐厅公司仍继续着向马歇尔学院（早已停办）的麦克斯韦分发红利。负责操办此事的律师在当地报纸上刊登了广告，要求詹姆斯·克拉克·麦克斯韦先生出面，他既不知道他的名气也不知道他已去世。"

内容也很广泛，从有关苏格兰北部的地质学讲座到科学仪器的展览。英国皇家科学研究所的一大成功是公开展示（博人眼球）；BA 的活动也未令人们失望，它展示了放电现象。会议甚至在"无线电报"发明之前就作了预示，走在了时代的前列——1859 年，阿伯丁演示了利用水的导电性跨过迪伊河（River Dee）发送信息的实验。当然，在提交的 361 篇论文中，麦克斯韦首次公开发表的"气体动力学理论"成为了最重要的成果，涉及分子的速度分布。

麦克斯韦在阿伯丁的 BA 会议上的公开亮相，使英国科学界更广泛地见识了他的能力，且时机也恰到好处，因为他的事业即将受到威胁。他的钦定教授职位是传统的终身职位，其他拥有类似职位的年轻教授一般不会在职业生涯中挪窝，如格拉斯哥大学的汤姆森和爱丁堡大学的泰特。但麦克斯韦即将失去他在苏格兰学术系统中的这一位置。

离开阿伯丁

在 1858 年麦克斯韦和凯瑟琳订婚期间，《大学法（苏格兰）》公布，明确了马歇尔学院和国王学院将合并为一所大学——阿伯丁大学。婚后一年，事情渐渐明朗起来，麦克斯韦无法留任。新的联合大学只有一个自然哲学的教席，这个教席给了比麦克斯韦更有地位的竞争对手，国王学院的戴维·汤姆森（David Thomson）

虽然麦克斯韦在前两年取得了很多成就，在英国科学促进会会议上达到高峰，但之后的光景变得暗淡。1860 年，他不仅因为阿伯丁的大学合并而失去了位置，还在试图接替詹姆斯·福布斯担任爱丁堡自然哲学教授的过程中惨遭失败，这是麦克斯韦热衷的职位。

在爱丁堡，他败给了自己的老同学彼得·泰特。鉴于他们的论文发表情况，这似乎是个奇怪的决定，泰特在科学上似乎并未获得像麦克斯韦那样的成就。也许，包括威廉·格拉德斯通（William Gladstone）[1]在内的教授选拔小组的科学远见不足。戴维·福法（David Forfar）和克里斯·普理查德（Chris Pritchard）的一篇文章比较了麦克斯韦和泰特的工作，文章评论道：

> 显然，长着眼睛的人肯定看见了麦克斯韦杰出研究的证据，他对土星环的研究已显露出独创性。然而，汤姆森、福布斯、斯托克斯和霍普金斯［英国数学家威廉·霍普金斯（William Hopkins）］只是向当局重新提交了4年前的支持麦克斯韦前往马歇尔学院的推荐信；法拉第拒绝提供推荐信；只有艾里提请大家注意麦克斯韦在理论天体物理学上的成就。推荐者们作为一个整体，似乎出现了严重失误，或者，他们没能理解麦克斯韦工作的意义。

更糟的是，这年，麦克斯韦感染了天花，夏天发展至病危。待身体康复后，事情开始有了好转。除了气体动力学理论的成功外，1860年，他因颜色理论的研究赢得了皇家学会的伦福德奖章。1860年，他在英国科学促进会的牛津会议上发表了另一场重要的演讲，但他的表现被塞缪尔·威尔伯福斯（Samuel Wilberforce）主教和托马斯·赫胥黎（Thomas Huxley）之间关于进化论的辩论掩盖。但重要的是，在遭到爱丁堡大学拒绝的两个月后，麦克斯韦终于获得了一个新的职位：伦敦国王学院（King's College London）自然哲学教授（专门研究物理学和天文学）。

新婚后的麦克斯韦即将从安静的、相对偏僻的阿伯丁搬到当时欧洲最大、最有活力的城市。

---

[1]当时是财政大臣，8年后成为首相。

妖之插曲Ⅳ 妖挑战的提出

当你回顾我的创造者早年的生活时，很难不认为他是一个古怪的人。他似乎不善交际，但我认为，JCM喜欢交际并以其俏皮的幽默感著称，无论是在格伦莱尔或是剑桥，这是许多科学家共有的特质。这一点经常体现在他的信中——他很调皮，语句很难理解。一封写给科学家朋友的高度技术化的信，可能会突然引出一阵奇思妙想，如他用近乎火星文的语言对朋友彼得·泰特说："O T′! R. U. AT ′OME?"[①]

在某种程度上，那时的JCM几乎总是一个局外人。在格伦莱尔，他是和乡下人玩耍的富家子；在爱丁堡，他是和比他更老练的同龄人竞赛的乡巴佬；在剑桥，他被贴上了粗鲁学生的标签。这种局外人的状态是否有助于他形成独特的观点？天知道！我只是一个妖。但很难想象，局外人风格不是老JCM获得最后成就的原因之一。

总有一些事情对他的人生道路产生影响，也即他人生中意想不到的方向变化——他在电磁学上有所建树时，阿伯丁新工作的诱惑来了；在新工作还未起步时，他成了格伦莱尔的庄园主。在那个时代，多数人在类似情况下会放弃大学的工作，将庄园作为自己的主业。这并不完全和钱相关，科学在当时只是一种令人充实的业余爱好。在他的成长道路上，似乎一直有人在试图诱惑他离开，一直不断。

---

①在信中，JCM倾向于用名字的首字母称呼别人，"T"已被分配给了威廉·汤姆森，所以泰特成了"T′"。

麦克斯韦妖 第二定律的暴政

关于他的事已经够多了——你应该将兴趣转向我，书名就是我的名字。在这里，过多地讲述我的创造者的生活似乎有些不合时宜。他在剑桥毕业11年后才将我召唤出来，且未给我取个体面的名字。他称我为"有限的存在"——我想，也许是想表达我不是神，因为我有局限性。作为名字，它有些模糊，从蚯蚓到天才都能用其指称。正如前面提到的，他的朋友威廉·汤姆森，维多利亚时代另一位年轻潇洒的苏格兰自然哲学教授，首先意识到了我的妖本性。

顺便说一句，汤姆森误会我了。他称我为妖，但并不认为我和邪恶相关。他心中的妖没有角或尖尖的尾巴——像一个幽灵，介于人类和神灵之间。当时，他也许想过用"守护神"这个词对我作强调。可惜的是，老汤姆森错了。事实证明，邪恶（混乱）是我的强项——我喜欢把人类的思想搞得一团糟。

我几乎不费吹灰之力就能制造混乱。我被创造出来只是为了打开或关闭一扇门。但在这个过程中，在混乱这个有趣的问题上，我承担了一个奇怪的、令人满意的角色。

我们正在处理热力学第二定律，它可以被总结为"混沌正在兴起"（这是一个愉快的声明）。从长远来看，它对你们熟知和热爱的宇宙有着可怕的影响。正如JCM的笔友汤姆森曾经的话，"这个世界作为人类的居住地，或者任何生物或植物的居住地，蕴含的结局是不可避免的……这一切都要感谢我最喜欢的定律"。

第二定律说，系统中的混沌程度保持不变或增加。这个包含我的系统实在简单得可笑。我们先看看这个不受阻碍的第二定律。盒子被一个带门的隔板分成两半，一边是较热的气体，一边是较冷的气体①。打开隔板上的门，一段时间后会发生什么？

来自两边的气体分子会随机地穿过门洞，较热的分子会以较快的速度通过。前面我们介绍过，温度只是粒子能量的量度。分子运动速度越快，能量越大，温度越高。那么，较冷的分子会以相对较慢的速度运动。现在，我们将门打开，维持一段较长的时间。首先，大部分离开较热一侧的分子是热分子——反之亦然。接着，较热的一侧会降温，较冷的一侧会升温。最终，盒子将达到平衡状态，两边的温度完全相同且一直保持下去，一边热一边冷的状态消失。

注意，以上整个事件纯粹发生在统计学意义上。然而，存在一种情况，在几分之一秒的时间里，所有往一边走的分子恰好全是热的，所有往另一边走的分子恰好全是冷的，盒子的两边出现完全不同的温度。但在任何有意义的时间段内，这种情况大概率不会发生，因为这里涉及了大量的分子。如果盒子的体积为 1 立方米，在室温和正常压力下，气体中的分子数量将超过 10^{23}。它们中的大多数以这种方式行动的概率非常小——这就是热力学第二定律的统计驱动力。

另外，第二定律最初被认为是一个机械的、不可打破的定律，即热量总是从较热的物体向较冷的物体传递，与 JCM 同时代的很多人花了很长的时间才明白用统计学的方式看事物。JCM 自己的描述是："热力学第二定律的真实程度可以用一句话来作类比——如果你把一整桶水倒进海里，舀不回同样的一桶水。"他强调，该定律几乎不会被力学机制阻止，出现例外的可能性极低。

这一切和混乱程度有什么关系？混乱是个奇怪的术语，你可以思考以下两种设定的区别——冷热气体混合在一起时，分子可能在任何地方；冷热气体分开时，热分子在一边，冷分子在另一边。就后者而言，我们知道在何处能找到这两种不同的分子，系统更有秩序。又如，本书

---

①难以想象为何要设计这样一个盒子，物理学家的思想实验经常如此。你可以想象它的一个简化版本，将一个冰盒放进一间温暖的房间。

Professor Maxwell's Duplicitous Demon

本页的文字（英文）按现有字母顺序排列与随机顺序排列，后者混乱程度高且无法阅读，前者更有秩序。基于混乱程度，第二定律指出，打碎一个鸡蛋或玻璃杯远比将其复原容易。

斯麦
韦克 **召唤妖**
妖

　　现在，我们已经知道了第二定律在一个分隔的盒子上的应用。如果冷热气体自发分离，则会打破第二定律。（更精确一些，该定律基于统计学意义，所以自发分离极不可能发生。）我的作用就是让这种分离以可预测的难易度一次次地发生。

　　我的创造者希望我掌管将盒子分隔为两半的门。以热分子和冷分子混合的状态为起点，我根据靠近门的分子的状态负责门的打开或关闭。如果分子速度快，我让它从左向右移动；反之，我让它从右向左移动。渐渐地，冷热分子分开了。秩序从混沌中产生，我打破了第二定律。很棒，是吧！

　　我的创造者在1867年写给朋友彼得·泰特的一封信中首次提到了我，当时的泰特正在整理一本有关热力学的书。JCM描述了盒子的设计（将分隔盒子的墙壁称为"隔膜"），然后介绍了我：

　　　　设想一个有限的存在，他（有限的存在）通过简单的观察就能知道所有分子的路径和速度。他除了能用一个无质量的滑块开关隔膜上的一个洞口外，什么功也做不了[1]。

　　　　让他首先观察A（热侧）中的分子，当他看到一个分子的速度的平方小于B（冷侧）中分子的平均速度的平方时，打开洞口让其进入B。接着，让他观察B中的分子，当他看到一个分子的速度的

---

[1]我认为"什么功也做不了"不好，备注"他知道，做功对他不好"更合适。

平方大于 A 中分子的平均速度的平方时，打开洞口让其进入 A。对于所有其他分子，则关闭滑块。

那么，A 和 B 中的分子数的总量未变（与最初一样），但 A 中的能量增加了，B 中的能量减少了。换句话说，热的系统变热了，冷的系统变冷了。不过，这个过程没有做任何功，只是运用了一个善于观察且手指灵巧的生物的智慧[①]。

或者说，如果热是物质有限部分的运动，如果我们能应用工具对这样的部分作处理，我们就能利用不同部分的不同运动将一个均匀的热系统恢复为不等温的系统。

不过，我们做不到，我们还不够聪明。

在 1870 年写给约翰·斯特拉特（John Strutt）的信中，JCM 对我作了更详细的描述，称我是"一个看门人，聪明，速度快，眼睛小，但本质还是一个有限的存在"。

在后来的著作《论热能》（*Theory of Heat*）中，JCM 明确表示，我的作用是为了说明更广泛的可能性，"精确的观察和实验"将使相对较少的分子的行为得到观察，大量分子的行为将不再适用。

1871 年，威廉·汤姆森写了一篇论文，描述了我的工作，巩固了我的名声，并第一次使用了"妖"这个词。他还构建了一个奇异的图景，一大群妖用板球棒砸分子。不过，这太不体面了，我不会考虑。

麦克斯韦妖 不费吹灰之力

现在，如果你用心读过前文的脚注，我的整个"妖部署"中的一个

[①]我喜欢这种说法。

Professor Maxwell's Duplicitous Demon

小缺陷也许已被你发现。我指出过，这个实验颇像暖房里的冰盒。说得更具体一些，我们把盒子的一半做成冰箱，另一半即它所在的房间。我们启动冰箱，然后等待。过了一会儿，冰箱一侧是冷的，另一侧是暖的[1]。从结果上看，冰箱实现了和我一样的效果，不需要任何妖的帮助[2]，但这并不等同于我的工作。

第二定律只限于封闭的系统，与宇宙其他地方隔绝。该定律只有在没有人向系统中注入能量的情况下才有效。只要付出努力，从混沌中产生更多的秩序完全可能。想想地球，你也许认为自然界很混乱，但我们却看到了各种随着时间推移而形成的有秩序的结构——自然的（包括你的身体）和人工的。在这个过程中，若没有大量的外来能量进入地球为其提供动力，显然是不现实的。对人类来说，幸运的是，太阳提供了生命所需的能量且远不止于此。

是什么让我变得特殊——我猜，你会说妖化。我可以用门来控制工作，而不需要向系统投入能量。我操作的是一扇无摩擦、无惯性的门（在现实中的 DIY 商店里无法买到，它只是思想实验里的一个部分），我的行为不会给系统增加任何能量。也许，你不喜欢这种在现实世界中不存在的没有质量的无摩擦的门。但请记住，它只是为了方便。就第二定律而言，我没有向分子系统投入任何能量。

那么，我是如何施展绝招的呢？仅凭一人之力，我如何能打破不可动摇的热力学第二定律？这是 JCM 向世界和他自己提出的挑战，也是他唯一一次失败的物理学挑战。他的朋友们同样如此，如威廉·汤姆森。我是一个难题——他们看不出我是如何完成工作的，也看不出我的失败。一些人试图辩解，妖没有意义，因为它并不存在于现实世界。但在物理学的世界，如果一个定律为真，你永远无法将其打败。而我，成功地打败了它。

---

[1]另一侧变暖的原因是冰箱一侧的外面有一个散热器，任何冰箱的背面都有。
[2]事实上，任何冰箱制造商都不会雇用妖帮其运转设备，除了特里·普拉切特（Terry Pratchett）小说中的制造商之外。

88

　　或者说，当时确实如此。不过，我在以后的道路上还要面对一些挑战。现在，回到我的创造者那里，看看他在1860年冒险来到非凡的大都市伦敦时发生了什么。

4 首都奇遇记

到目前为止，麦克斯韦就读过或工作过的每一所大学都是古老的机构，它们沿袭着可以追溯至中世纪时期的传统，包括教学大纲。现在，他即将前往新的学术家园，位于伦敦斯特兰德街（Strand）的名校——国王学院，它在麦克斯韦出生的那年才开始招生。学院的管理者为自己的现代价值观而自豪——学院开设了各个科学学科的课程，而非传统的、重古典的本科课程，甚至涵盖了工程学这个新兴的学科。

国王学院的科学

我们可以从麦克斯韦在国王学院的激昂的就职演讲中感受到他对科学的态度。他对学生们说：

> 在这门课上，我希望你们学到的不仅是适用于以后实践中可能发生的结果或公式，而是这些公式所依赖的原理，没有原理，公式只是精神上的垃圾。我知道，人通常倾向于做事情而轻思考。就有脑力劳动习惯的人而言，学习公式远比掌握公式背后的原理简单。

麦克斯韦强调学习不能止于勾勾画画，机械地计算——如今天的计算机的工作。他对科学的态度是，寻找潜在的原理并尽可能地接近自然

91

界的真正"规律"①。麦克斯韦的工作并不繁重,每周有三个上午(上午10时至下午1时)在大学里上课,一个晚上给工人上课,其余时间自由安排。

他在大学获得的报酬与所教学生的人数直接相关,每教授一个日班学生可获得约5.25英镑,一个夜班学生可获得约7.5英镑,一个"临时学生"可获得约2.36英镑。临时学生没有进入大学预科,但为了获得专业知识而参加了个别课程。如此,他每年的收入约450英镑,相当于现在的39000英镑②,远高于他在阿伯丁的收入。实际上,阿伯丁的情况并不差,因为阿伯丁的合并启动了一项补偿条款——失去职位者可获得一笔丰厚的年金,他每年可额外获得400英镑的补助,使自己的年收入达到850英镑,相当于现在的76000英镑。

在麦克斯韦去世后不久,在坎贝尔和加内特撰写的传记中可以找到一些记录,可以看出他在国王学院时的一些教学风格:

> 教授们可以无限制地使用学院图书馆,为朋友借书也很轻松;学生们一次只允许借两本书。麦克斯韦为自己的学生借书,当同事问起时,他会解释这些学生是他的朋友。

虽然这本早期的传记有把麦克斯韦描绘成圣人的倾向,但从侧面反映了他不同于当时一般教授的风格,也反映了麦克斯韦的年轻(29岁的他仅比其学生大几岁)以及相对于他这个阶级的人的不同寻常之处(他与工人阶级打交道的频次远超当地贵族)。

麦克斯韦在国王学院教授学生注重实用和科学——他的物理学和天文学课上的许多年轻人后来成为了工程师。这些学科在当时的其他大学几乎不被认可,学生们接受的培训将使他们在以后的工程学领域受益。

---

①相比法律那样的白纸黑字,自然规律模糊且充满未知。我们多于观察表象,并不真正了解它。

②计算历史工资的当前价值是一门黑色艺术(妖的特长)。

在国王学院，他们接受教育是为了实践技能的提升，而不是为了谋求学位。[①]此外，大多数学生并未读完三年的课程，通常平均读到四个学期就转学了。国王学院的学费是马歇尔学院的7倍，每学期学费约12.85英镑。选择只上自然哲学课的学生的学费少一些，每学期学费约3.15英镑。

图4　19世纪60年代的麦克斯韦，在伦敦国王学院任职期间
　　　或之后不久

麦克斯韦和凯瑟琳在肯辛顿有一个舒适的家用以招待客人。从斯特

---

①实际上，当时的国王学院不能授予学士或硕士学位。不过，在成功完成学业后，学生可以成为国王学院的准会员。

兰德到这里的路程并不短，但麦克斯韦经常步行这段4英里（约6.4公里）的路程以锻炼腿脚。也许，这栋房子让他想起了姑姑在爱丁堡的家。当然，这里更宏伟一些，有五层楼，大门口有立柱，是一栋相当不错的城市别墅。

经历了阿伯丁的相对孤立的社会环境，麦克斯韦期待着有机会与更多的志同道合的人相处，像在爱丁堡和剑桥时一样。马歇尔学院的全部教职工只有20人，而国王学院仅麦克斯韦所在的应用科学系就有差不多的人数，应用科学系仅是学院的四个系之一。

皇家学会及其更注重实践的小兄弟皇家科学研究所经常在这座城市举办讲座和讨论，会有许多英国科学界的名人参加。1861年5月，麦克斯韦应邀在皇家科学研究所发表演讲，被推上了前台。

给研究所添色彩

皇家科学研究所是麦克斯韦的偶像法拉第的精神家园。曾经，法拉第在研究所担任过汉弗莱·戴维的助手；现在，虽然70岁了，法拉第仍然与这里保持着联系。他曾在这里举办过许多讲座，并为孩子们设立了著名的圣诞演讲。继获得伦福德奖章之后，麦克斯韦被邀请在皇家科学研究所作一个关于颜色理论的讲座，这是他擅长的话题。

在讲座中演示是研究所的传统之一，越戏剧化的演示越受欢迎，有时甚至会吸引到皇室成员。麦克斯韦在实验中使用的旋转色轮太小，远处的观众较难观看，所以他决定制作一些新东西——投影一张彩色照片的大比例图像。

通过手工着色让黑白照片产生彩色效果已司空见惯，但麦克斯韦的计划是用红、绿、蓝三色滤镜先拍摄再投影，将三张单色照片合成为一张全彩图像，证明这三种原色足以产生我们能看到的所有颜色。早在1855年，他就开始了这个想法的构思。当时，他在爱丁堡皇家学会作过简短的讨论；现在，他打算在皇家科学研究所上作演示，将其鲜活地展现在观众面前。

麦克斯韦本人并不是摄影师——当时，这是专业人士的活儿。但幸运的是，该国最顶尖的专家之一，托马斯·萨顿（Thomas Sutton）被聘为国王学院的官方摄影师，他当年曾是剑桥数学优胜奖得主。萨顿可以帮助麦克斯韦处理湿火棉胶这种棘手的（有潜在危险性的）摄影介质。这不是简单地买一卷胶卷就能处理的事情，也不能与现代的数码摄影比较。摄影师必须先成为一个熟练的化学家，才有可能成功地操作一次曝光。

湿法胶印工艺需要先将棉花浸泡在一种有毒的、高度腐蚀性的硝酸和硫酸的混合溶液中。这种产品——枪棉①——必须先清洗并干燥，再溶解在乙醚或酒精中，以产生一种可怕的易燃凝胶。然后，摄影师在凝胶中加入卤素盐（碘或溴），并将所得的悬浮液小心地涂抹在干净的玻璃板（印版）上。这一操作需要一些特别的技巧，才能获得一致的、平整的"胶体"层。接下来，需要将玻璃板浸入硝酸银溶液，硝酸银会与卤素发生反应，产生对光敏感的银基涂层。经过这个"活化"过程，再将仍然湿润的印版放入相机中进行曝光。最后，印版必须经过显影、固定、冲洗、干燥和上光，才能得到最终产品。这与"傻瓜相机"完全不同。

在麦克斯韦的指导下，萨顿将不同颜色的染料溶入水中，然后把相机放置在装有这种液体的玻璃槽后，将之作为红、蓝、绿三色滤镜，分别拍摄三张多色格子丝带②的照片。然后，麦克斯韦得以用三台投影仪将三张不同的图像叠加起来投射到皇家科学研究所的一个大屏幕上，每个投影仪都装有相同的红、蓝、绿玻璃槽。

麦克斯韦将在"周五夜话"中完成这次演示，这是法拉第曾开创的

---

①这是一种危险的材料。当时，它被用于生产水雷或鱼雷，也用于工程爆破；后来，用于火箭推进剂。虽然名字里带"枪"字，但通常不用于生产枪支弹药。

②丝带通常被描述为苏格兰格呢，但有学者指出，格呢通常有两种颜色，丝带有三种。

一个活动计划。这个活动比较特别，听众身着正装，演讲者被要求一进演讲厅的大门即开始演讲，不作自我介绍（今天仍然如此）。不过，一切都很顺利，麦克斯韦对结果表示满意。三道光束在屏幕上结合，使丝带呈现出相对逼真的彩色图像①。麦克斯韦补充，如果使用对光谱中蓝色端以外的颜色更敏感的材料，或能得到更好的效果。

　　几周后，1861年5月，29岁的麦克斯韦被选为英国皇家学会院士，巩固了其学术地位。在今天，当选为"皇家"院士或许是英国科学家所能获得的最高荣誉；在过去，在学会的早期，大多数院士并非科学家，而是对科学感兴趣的富人。在麦克斯韦的时代，院士名额开始逐渐向科学家倾斜，事实上麦克斯韦同时拥有这两方面的条件。

麦克斯韦妖 电磁学走向力学化

　　麦克斯韦在皇家科学研究所演讲时，法拉第已离开电磁学研究领域5年了。也许是在法拉第的演讲桌前受到了启发，也许是自然回归，身在国王学院的麦克斯韦重拾了这个主题。他在早期的模型中将电和磁当作流体，只适用于静止的场。现在，由于法拉第的研究开始普及，为了解释发电机和电动机一类的事物，麦克斯韦不得不处理运动的问题。如同在土星环的研究中，他将成分假设为固体、流体，再到颗粒；现在，他修改了自己的电磁学方法，转向了一种力学模型。

　　与今天的许多物理学家构建的模型一样，这不是一个简单的物理结构层面的模型。它由一种理论支撑，反映了自然界中观察到的现象，具有预测能力。它是一个试图用力学原理重现电磁学效应的装置。

---

　　①科学家从来不靠运气。麦克斯韦使用的照相设备对低能红光的敏感度不够。当使用红色滤光片时，无法产生良好的红色图像。幸运的是，格呢的红色部分也能较好地发射紫外线，紫外线能不受阻碍地通过红色滤光片，对印版产生适当的影响。

电磁与引力存在一个根本的区别——所有的引力都是吸引力[①]；电磁有两性（电有正负极、磁有南北极），同性相斥、异性相吸。将电荷或磁极聚集在一起，这种现象会变得非常明显。麦克斯韦从磁极开始建立这个模型，使用了一个以纯力学方式运转的磁场模型。

在设计一个解释磁极的模型时，他必须解释一些问题。比如，它们似乎总是成对出现——与电荷喜欢独立的负极或正极不同，我们从未见过独立的南北极[②]。又比如，与引力一样，两极之间的力（无论是排斥力还是吸引力）服从平方反比定律（其大小与两极距离的平方成反比）。

当时，麦克斯韦面临一个巨大的苦恼，也是曾经的许多人在解释万有引力模型时面对的苦恼。构想一个产生排斥效应的力学模型相对容易，因为一个物体推动另一个物体相对容易；但构想一个产生吸引力的模型相对困难，在不考虑磁力的条件下，一个物体拉动另一个没有直接物理联系的物体是困难的。

自牛顿以来，科学家试图通过设计引力的力学模型解决这个难题。这些模型基于一种构想："空间充满了向各个方向前进的无形的高速粒子，粒子之间无相互作用，它们推动着巨大的物体。通常，来自各个方向的推力趋于平衡。当第二个物体出现在附近时，平衡被打破。第二个物体会阻挡一些向第一个物体前进的粒子，产生将一个物体吸引到另一个物体的效应。"显然，这种构想需要调整，因为吸引力的大小将取决于物体的大小而非质量。麦克斯韦似乎并未考虑过这种类型的电磁引力模型。

---

①不包括反引力。虽然尚无明确的证据，但一些严肃的物理学家仍然推测，物质和反物质之间的引力可能具有排斥性。

②据超弦理论预测，存在磁单极子。

麦克斯韦电磁球

麦克斯韦用力学模型进行的第一个尝试是，想象磁场由一群球体组成[①]，它们紧密地挤满了空间，这些球体或"单元"可以旋转。一般来说，一个物理物体旋转时，作用在它身上的离心力[②]会使其中间膨胀、两极收缩。例如地球发生的情况，牛顿时代的人们就知道地球的赤道会凸起。因此，地球是一个扁椭球，不是一个完美的球体。

不过，与地球不同，麦克斯韦的球体被其他球体所包围。因此，一个球体的赤道在旋转时膨胀，会推动周围的球体。在这个模型中，旋转的轴线对齐了法拉第在磁场中展示的力线。推导的结果非常接近观察到的现象——在与力线成直角的地方，即赤道的方向，球体向外的推力会产生一种排斥效应。

球体旋转的速度越快，这种效应越大——所以模型中的自旋率与磁场的强度相对应。在这种力学模型的研究中，不考虑各部件间的摩擦力似乎更方便，但麦克斯韦允许球体之间有一定程度的相互作用。如果两个并排的球体作同向转动，那么，在接触点上的两个球体的表面将作反向运动。

想象两个顺时针运动的球体，其轴线指向书页外。在接触点处，左边球体的表面向下运动，而右边球体的表面向上运动（见图5）。

为了避免球体之间的直接相互作用，麦克斯韦想象在大球之间有大量的小球，像滚珠轴承一样。现实装置中的滚珠轴承通常会受到轴承的约束，但麦克斯韦的小球与之不同，它们不受约束。如果将它们

[①]与他的流体模型一样，球体只是一种比喻。

[②]自牛顿以来，一些人嘲笑离心力将物体向外甩出的想法，指出被甩出的物体只是沿着自然的轨迹作直线运动；真正的力是向心力，它抵消了向外运动的趋势。当然，离心力仍然是研究效应的有用方法，这取决于你以谁为参照物。

看作电的粒子（电子），在电路被接通时，小球会在大球之间的通道中运动。（我们像麦克斯韦那样，将较大的球体称为单元，避免各种球体混淆）。

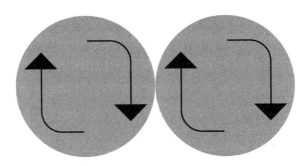

图5　两个接触并作顺时针旋转的球体

这个模型的巧妙在于，现在出现了电（小球）和磁（单元）之间的相互作用。电流流动的结果是单元开始旋转并产生磁场。

麦克斯韦还用该模型解释不同的材料——越是良导体，小球越易运动（流动）。在绝缘体中，磁性单元充分地粘住了小球，很难获得电流。因此，他的模型解决了绝缘体、导体、电磁铁之间的区别。当然，这并非电磁学的全部，他还需要处理感应问题。

前面介绍过，这是法拉第研究过的东西。他已经证明了变化的磁场会产生电流——发电机的工作原理。当电流靠近一根未通电的电线时，会产生感应——通电会产生磁场。虽然另一根电线一开始没有磁场，但通电的电线会产生磁场，且该磁场会涌入被靠近的那根未通电的电线。这个过程会出现一个变化的磁场并最终趋于稳定，故而未通电的电线会因变化的磁场而短暂地出现一丝电流。此外，如果通电电线的开关断开，电子停止流动，同样的事情会再次发生①。

---

①感应也是手机和电动牙刷进行非接触式充电的原理。充电基座中的电流变化会产生变化的磁场，从而在设备中感应出变化的电流为电池充电。

涡旋和空转轮

　　渐渐地，随着麦克斯韦对模型的完善，他的单元变成了六边形，使模型在视觉上更加清晰。在他的原版示意图中，六边形的数量非常多；这里，我们只用三排六边形简单阐述他心中的构想。上排和中排单元之间的那排小球①连接着一根电线——这是感应发生处。中排和下排单元之间的那排小球被连接到一根带有电池和开关的电线上。现在，我们可以做感应实验了。

　　实验以图6中的示意图Ⅰ为起始状态。开关处于断开状态，无电流流过。

　　在示意图Ⅱ中，开关连接，小球开始在中排和下排单元之间从左向右"流动"，中排和下排单元作反向旋转。麦克斯韦在他的模型中已经确定了磁场的方向就是旋转的方向，所以电流上方和下方的磁场方向相反——它绕着电线旋转。

　　同时，上排和中排单元之间的小球被中排的旋转单元推动。这些小球开始顺时针旋转，并从右向左"流动"，致使上方电线中出现短暂的电流。然而，这个电路中没有电池，无法维持稳定的电流。上方电线中的电阻会使小球减速，直至它们停止运动。但现在，它们仍在作顺时针旋转，这种旋转使上排和中排单元的旋转方向相同，如示意图Ⅲ所示。

　　在示意图Ⅳ中，断开开关，底部的小球迅速停止"流动"，使下排和中排单元的旋转速度减慢。此时，上排仍在旋转——旋转的单元作为微小的飞轮，使以太（后面介绍）能短暂地储存能量。在整个系统静止之前，在上方电线中产生了另一个短暂的电流。

————————

　　①麦克斯韦将小球称为"空转轮"，将六边形单元称为"涡旋"，这是他早期的流体模型的术语。后来，他认为单元是以太中的真实涡旋。

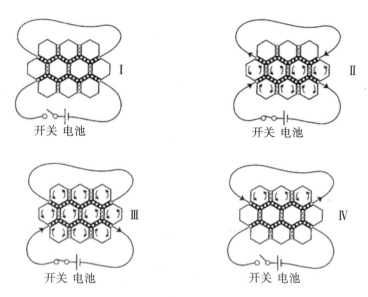

图6 麦克斯韦的电磁力学模型

到了这个阶段，麦克斯韦非凡的模型已经解释了电磁学的三个主要方面，不过他还没能将电荷之间的吸引力和排斥力结合起来。也许，你认为这样构造的力学部件不可思议——太抽象。然而，不必惊讶，因为你并不是唯一有此看法的人。法国物理学家亨利·庞克莱（Henri Poincaré）说，他和他的同行在面对麦克斯韦的模型时产生了一种不舒服、不信任的感觉。在他看来，模型进行的力学类比被延伸到了一个可笑的极端；然而，它的确有效。

麦克斯韦妖 类比的力量

对麦克斯韦来说，这种新颖的类比——建立模型——可以更好地理解自然界物理原理的前进方向。当他还是剑桥大学的学生时，他就写道：

> 每当人们看到两件他们熟知的事物之间的关系，便会推测两件不熟知的事物之间似乎也存在相似的关系，他们会由此及彼地推理。人们习惯假定，即便成对的事物彼此之间有很大的不同，但出现一种相同关系的可能性是存在的。现在，从科学的角度看，关系是重要的知识，对一件事的了解通常能促进对另一件事的了解。

......

这种初期基于力学而后基于纯数学的模型，将是他取得伟大成功的关键。

麦克斯韦早期的流体流经多孔介质的模型受到了汤姆森的热学研究的影响，但现在这个复杂的模型却几乎是凭空出现的。事实上，麦克斯韦非常喜欢建立真实的力学（机械）模型——例如，他的色陀螺或者他为说明土星环而制作的机械模型。

此外，他当时正在伦敦。查尔斯·巴贝奇（Charles Babbage）在伦敦设想出了非凡的机械计算机：差分机和分析机。虽然它们并未被制造出来，但巴贝奇已完成了差分机的部分工作模型，并在阿达·洛芙莱斯（Ada Lovelace）的帮助下开始了更复杂的分析机的原理研究。麦克斯韦在伦敦时，巴贝奇尚在世。也许，维多利亚时代的黄铜奇迹工程导致麦克斯韦想出来了他的六边形和球结构模型。

麦克斯韦的电磁模型证明了惊人的灵活性。例如，不同的材料在磁性方面的差异较大。即使在金属之间，也存在较明显的差异；引入如木材之类的其他材料，差异更明显。不同物质之间的磁力运行（或不运行）方式差异较大。

麦克斯韦构建的是一个基于以太的力学模型，这种流体被认为充满了整个空间，它可以使光波穿过真空，也可以作为电场和磁场的传递机制。他提出，当以太覆盖在不同的材料上时，可以改变模型中六边形单元的性质。材料的磁性越好，模型中的单元密度就越大。随着密度的增加，单元会产生更大的离心力，产生更多的磁通量——磁场强度的量度。

我们需要重申，在建立这个模型时，麦克斯韦并未暗示空间中充满了旋转的六边形单元和微小的滚珠轴承——甚至是看不见的单元和轴承——而是在暗示以太产生的结果与他想象中的机械结构产生的结果相同。显然，这个新的模型和他最初的流体理论有很大的区别。虽然麦克斯韦不认为滚珠轴承和六边形单元的模型的细节与以太中的实际情况一样，但他认为现在已非常接近现实了。毋庸置疑，他对真实情况的构想受到了威廉·汤姆森的影响。后者曾坚定地表示，磁场中存在实际的涡旋，反映在磁场影响光的方式上。

麦克斯韦一直相信以太存在[1]。事实上，在1887年，美国科学家阿尔伯特·米歇尔森（Albert Michelson）和爱德华·莫利（Edward Morley）在实验中对这种物质提出了怀疑，并最终在20世纪初被爱因斯坦的工作完全否定。当时，麦克斯韦认为磁场涉及了那个看不见、摸不着的介质中真实的涡旋，模型中的滚珠轴承部分遭遇了尴尬。

麦克斯韦指出，"粒子的运动与涡旋的运动通过完美的滚动接触连接起来的概念显得笨拙，我并未将其作为一种连接模式提出……"另一方面，他指出，"它很有效，只要将它定义为临时性、暂时性的机制，则有助于人们对现象真解的探索"。

所以，麦克斯韦强调，以太并不是一种使空间充满六边形和滚珠轴承的东西，不是古代宇宙观中的水晶球。以太是一种了不起的物质，它无形且不可检测，为光提供了波动传播的媒介——它有弹性，因为承载波的通过必须具有弹性；它有刚性，以至于光可以持续传播至遥远的地方，不会像传统的机械波那样失去能量。以太在一些科学家心中已经根深蒂固，不容置疑[2]。对麦克斯韦来说，他的模型为更复杂的流体现实提供了一个有效的力学类比。

---

[1]很多人提出以太的存在并不必要，但他拒绝接受。
[2]今天，仍然有一些物理学家认为，现代版的以太可能与暗物质或大爆炸理论相关，但支持其存在的证据有限。

因此，他试图直接测量以太中涡旋的效应。他制造了一个装置，涉及一个能在三个维度自由旋转的小型电磁铁，他希望这个装置可以检测到附近涡旋的影响。结果未能如愿，他提出，也许这是涡旋非常小所致。同时，他认为电场与以太的弹性变形直接相关。他并不认为自己的模型是对现实的准确还原，但认为涡旋和弹性反应等关键特征是对现实的真实反映。

当然，麦克斯韦对以太的坚持不会贬低他的成就——当时，它的确具有可能性。他认为，一个模型与其反映的现实可以部分地隔离，这将使纯数学模型发展为物理学的主流。

毫无疑问，在国王学院，麦克斯韦已开始真正地运用他所倚重的见解。他把自己的发现发表在一篇由两部分组成的论文中——初期的关于电磁学的论文《论法拉第力线》；现在的新论文《论物理力线》（*On Physical Lines of Force*），他转向了一个更实用的模型。这篇综合论文发表在《哲学杂志》（*Philosophical Magazine*）上①，第一部分发表在1861年3月版，第二部分分别发表在4月版和5月版。

---

① 《哲学杂志》是当时一种较重要的期刊，创刊于1798年。它刊登过许多大人物的论文，包括戴维、法拉第、麦克斯韦、焦耳等。最初，它是自然哲学的全科杂志，但很快就变成了专门的物理学杂志。

妖之插曲Ⅴ　妖成为明星

随着JCM对电磁学模型机制的表述，我的主人已踏上了通往科学家名人堂的道路。他尚未完全抵达终点——没有人能彻底地爱上一个基于六边形涡旋和滚珠轴承的模型（妖也不行）——但已为日后的辉煌奠定了基础。

你也许觉得我有失偏颇，对创造者的奉承多于理智——他在公众中的地位似乎不如达尔文或爱因斯坦。这里，我引用理查德·费曼（Richard Feynman）的话：

> 从人类历史的长河来看，从10000年以后回首，毫无疑问，19世纪最重要的事件是麦克斯韦发现的电动力学定律。

费曼（20世纪最伟大的物理学家之一）也是他的粉丝。

维多利亚时代的电脑交友

了解维多利亚时代绅士的个性是困难的，那时的叙事刻板生硬，鲜有个人见解。因此，欲了解真实的JCM会变得困难（我除外）。幸运的是，他为科学同行弗朗西斯·高尔顿（Francis Galton）填写的一份关于他本人的问卷调查得以留存，这份问卷类似于今天注册电脑交友网站时需填写的信息。

Professor Maxwell's Duplicitous Demon

　　作为优生学的倡导者，高尔顿在当时媒体上的声誉不佳，但他对人类遗传作了广泛而有用的统计研究，思考了天才的本质。1874年，高尔顿撰写了一本名为《英国科学人》（*English Men of Science*）的书①，统计了大约200份他对皇家学会会员的问卷调查。这本书让我们第一次看到了"先天"与"后天"的概念，其研究被视为心理学中使用问卷调查的起点。

　　我们可以从中挑出JCM的回答，以增进对他的了解。我们得知，他身高5英尺8英寸（约1.73米），19岁之前经常因病卧床②，之后再未生过大病。当被问及"精神特质"时，麦克斯韦写道：

　　　　喜欢数学工具，喜欢各种规则图形和曲线形式。

　　　　喜欢机械，但实际操作不多。（他还指出，自己的父亲是一个"伟大的机械天才"。）

　　　　音乐对自己的童年影响较大，分不清是愉快还是痛苦，更愿是痛苦；旋律或歌词从未忘记，它们时刻在脑海中流淌，不局限于曲调流行时；不会使用乐器，从未接受过音乐方面的指导。

　　　　多有连续性和稳定性；少有感激和怨恨；喜欢"στοϱχη"③；不合群；善于思考物，鲜于思考人，社会情感的范围有限；喜欢神学思想，不会对其讳莫如深；想象力具有建设性；有预见性。

　　对JCM思想的另一个有趣的了解来自他对"科学品味的起源"问题的回答：

────────────

①当时，"科学家"这个词并未被广泛接受，高尔顿选择了"科学人"。考虑到维多利亚时代的敏感性，女性并未被列入名单。高尔顿主要挑选了那些在伦敦附近居住或工作的人，当时的麦克斯韦工作于剑桥。
②JCM的身体状态不佳。
③用希腊语示爱。

　　我一直认为数学是获得事物最佳形状和尺寸的途径，它有用、经济、和谐、美丽。

　　我与威廉·尼科尔见面。随后，在布鲁斯特（Brewster）的《光学》和玻璃工匠的钻石的帮助下，我研究了光的偏振、切割晶体、钢化玻璃等。

　　我本应自然地成为一名科学的职业倡导者，但那些专职从事科学的人使我和我的父亲确信科学不是生活的必要，特别是福布斯教授。

妖的教义问答

　　随着我主人的名气越来越大，我的地位也越来越高，并被许多物理学家当作一种娱乐性消遣——我正在成为明星。鉴于此，JCM觉得有必要以宗教教义问答的形式[①]为他的朋友彼得·泰特写一篇关于我的小传。他用了复数的"妖"令人恼火，任何一个稍有理智的人都知道，我是一个单数实体：

　　关于妖

　　1.谁给它们起的这个名字？汤姆森。

　　2.它们的本质是什么？小且活跃的生物（能服从命令），不能做功[②]，但能打开和关闭没有摩擦或惯性运动的阀门。

　　3.它们的主要目的是什么？证明热力学第二定律只具有统计学上的确定性。

---

　　①教义问答是对教义的总结，通常以问题和答案的形式表达。在10余岁时，JCM曾在姨妈简的帮助下参加过爱丁堡拉姆斯（Ramsay）院长的教义问答。

　　②他又开始自以为是地发表个人意见了。

4.平衡温度是它们唯一的工作吗？不，因为智力较低的妖①只需允许所有粒子向一个方向运动就能产生压力以及温度的差异。从这个角度设想，它不再是妖，而是像液压夯锤②那样的阀门。

JCM 的轻视与威廉·汤姆森的赞赏形成了鲜明的对比，威廉评价我"是一个聪明的生命，只是在尺度和敏捷度方面与真正的活物不同"。一些人认为，汤姆森热衷于把我描绘为非机械类物体，是有意识地反对"X俱乐部"的理论。该俱乐部支持生物是机械的自动机的观点，其成员包括爱尔兰物理学家约翰·廷德尔（John Tyndall）以及英国生物学家托马斯·赫胥黎等。

先不论这些人对汤姆森动机的猜测，在这件事中，JCM 对妖的认知有偏差——他将妖简化为温度和压力实验中的阀门是错误的。

理查德·费曼也是有妖的物理学家。他在其广受好评的"红皮书"《物理学讲义》中描述，"所有妖的机械替代品都会因活动而发热，最终会因太多的抖动而无法完成其工作"。除了防止我们这些妖失业外，费曼还指出了我们的特殊之处——不能处理信息，就无法完成工作。你永远找不到非智能的机械妖。

需要强调的是，JCM 并不希望破坏热力学第二定律，他对第二定律的有效性完全满意。不过，在气体动力学理论上的研究使他意识到，第二定律的核心是概率，而不是确定性。英国物理学家詹姆斯·金斯（James Jeans）后来在一本教科书中指出：

> 麦克斯韦的分类妖③可以在很短的时间内生效；如果仅凭运气，可能需要很长的时间。同时，它在任意情况下都不违反自然规律。

---

①显然，这并不指向我个人，而是我的同类。

②这是一种利用水压将部分水头（水柱高度）抬高的装置。它有两个单向阀，利用大水体的较大压力移动小水体。

③听起来，我像皇家邮政的员工，令人恼火。

　　像我这样谦虚的妖，完全有能力推动事情向一个极不可能但并非绝不可能的方向发展。

　　现在，我们回到JCM那里，他在整理完自己对电磁学的最新想法后开启了离开伦敦的假期。

5　看见光

写好新模型的论文后，麦克斯韦利用1861年漫长的暑假①和凯瑟琳一起回到了格伦莱尔。学者们通常用这段时间休息以恢复精力——要么完全忽略学术工作；要么处理一个被搁置的爱好。麦克斯韦的初心是专心打理格伦莱尔庄园，但他忘不了电磁模型。他的力学类比虽然在预测大多数电磁效应方面表现出色，但仍有一些例外。也许，他把类比延伸得太远，真相像牙疼那样困扰着他。

麦克斯韦妖 弹性单元的力量

在他的模型中，六边形单元和小球将旋转运动传递给相邻的组件，运动在图6中蔓延。但真实的机械系统通常伴有能量的损失。能量的损失是因为电阻吗？这不符合实际情况——电阻现象只发生在导线中，而不是他的模型所表述的以太。然而，有一种方法也许能解决这个问题，旋转的单元是非刚性的，它们可以在压力下屈服，这种属性在物理学中被称为弹性。

也许，格伦莱尔熟悉而轻松的环境有益于开展建设性的思考，那里远离伦敦的喧嚣，还有凯瑟琳的陪伴。麦克斯韦设想了一个模型，由一对金属板和绝缘体（置于金属板中间）组成的电路。将电池、电线与这

---

①站在常规角度来看，暑假是漫长的；站在麦克斯韦的角度来看，在经历了阿伯丁的6个月的暑假后，国王学院的4个月的暑假显得短暂。

111

对金属板连接，电场可以穿过绝缘体。在他的模型中，绝缘体里的小球不能流动，因为它们附着在六边形单元上。如果单元是弹性的，则每个单元都可以围绕其轴线扭动。因此，实际上，当弹性材料中的扭动变得足够强，在抵抗任何进一步的运动之前，由于单元的位移，少量的电流将从一块板子流向另一块板子。

此时，一块板子相对带正电，一块板子相对带负电。这意味着，板子之间会产生吸引力。神奇的是，他提出的弹性机制突然产生了吸引力，因为单元的扭动会使以太收缩。每一个单元都会收缩，就像发条上紧会变小一样，吸引力将板子拉向对方。这种拉力为他的模型提供了缺失的因素——静电引力。

如果把电池从电路中移出，单元中的张力仍将保留，吸引力仍然存在。此时，如果用电线将两块板子连接起来，电流会在它们之间短暂地流动，释放出弹性单元中的扭力——出现放电现象，吸引力会消失。麦克斯韦描述的是一种电气元件的作用，这种元件现在被称为电容器。

与以太模型中单元密度的改变解释不同磁特性一样，麦克斯韦能对不同电特性的物质做类似的事情。如果金属板之间的空隙被不同的材料填充——空气、木材或云母——以太单元的弹性将发生变化。云母（一种天然存在的硅酸盐晶体，早期的电学实验经常将其用作绝缘体）比空气更容易受到电荷的影响，在他的模型中，这种电介质材料会使单元更容易扭动。当板子连接时，填充云母的模型能容纳更大的电荷量，流过更强的电流。

通过使六边形单元具有弹性（能够扭曲和紧缩），他将电引力引入了模型。他将当时较新的微积分（变化的数学）技术应用到矢量上[1]，对电场和磁场进行了数学描述，这是一个有效的想法。

麦克斯韦的新模型将以太描绘成能量的储存。静电能是势能，像弹簧的能量一样储存在以太中；磁能是动能，像旋转的飞轮一样。他的模

---

[1] 矢量是既有大小又有方向的量，标量只有大小。例如，速率是标量，每小时50公里；速度是矢量，向北每小时50公里。

型表明，两种能量存在关联，一种能量的变化会影响另一种能量。

这是一个了不起的成就。当然，建立一个与现实匹配的模型，并不一定是成功的模型。文艺复兴前的天文学家们构想了一种基于本轮的宇宙模型，各种结构作复杂的环形运动，万物围绕地球旋转。它对一些现象作出了奇怪的解释，如火星在天空中的运行轨道是逆向的。今天，我们知道，这是因为火星围绕太阳旋转，而不是地球。这个模型与观测到的现象匹配，但它并不能给天文学家提供正确的解——其设计是为了匹配观测结果，即地球是宇宙的中心。不过，麦克斯韦的模型更进步，它预言了一些以前没有被观察到的东西。

麦克斯韦妖 以太中的波

如果以太真如麦克斯韦的模型所述[1]，那么他在数学中还需为其增加一个额外的成分。即使空无一物的空间也被以太填满，这意味着，你总能从扭动的弹性单元中得到小球的小抽动。为了数学上的完整，这个在传导电流之外的"位移电流"给他的方程增加了一个额外的成分。麦克斯韦的模型在反映实际观察的准确性上成为了一个转折。然而，将弹性引入单元还出现了另一个重要的后果。

如果一种材料是有弹性的（构成它的物质有一定的弹性），就有可能通过这个模型发出波。波通过部分材料时发生重复位移，只有在材料不是完全刚性的情况下才会发生。设想，麦克斯韦的单元和球体在空间的虚空中伸展。电能引起一排球体抽动并使球体的相邻单元出现短暂扭动；磁能产生作用，相邻单元的扭动又影响下一排球体，产生新的电涌。

这种连续的抽动会穿过由以太占据的貌似空虚的空间。它不是瞬间

---

[1]永远记住，以太是不存在的。这只是麦克斯韦的设想，当时的人们认为它存在。

产生的，因为单元有一些惯性，每个单元都需要一些时间才能运动起来。麦克斯韦的模型预言，可以通过绝缘体（甚至通过真空）发出一波交替的电和磁位移，因为以太始终存在。由于球体和单元中的位移与这种扰动的行进方向成直角，因此观察到的是一种横波，如同水面上的波纹，材料的位移方向与波的行进方向垂直。

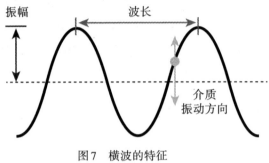

图7　横波的特征

麦克斯韦为理论物理学家引入了位移电流的概念。当时，理论物理学家做的大部分工作是构想理论以匹配观测结果。不过，麦克斯韦认为，理论物理学家的工作是寻找实验证据中留下的漏洞，并提出未来可以检验的预测。位移电流得益于他的模型的预测，并非观测结果。实际上，这个看似微小的贡献却具有革命性的影响。他的一些同事对这种方法非常抵触，但麦克斯韦的大胆使他成了理论物理学家的核心，这种模型推理方法在物理学领域逐渐占据了主导地位。

位移电流的引入是麦克斯韦的一个重要成就——当时，其他解释电磁学的尝试仍然依赖于远距离作用。他们抛弃了法拉第的电场和磁场，使用了点电荷在远处产生力的概念，未承想这产生了电磁波的额外成分。爱因斯坦认为这非常重要，他在《自传笔记》（*Autobiographical Notes*）中写道：

　　在我还是学生的时候，最吸引人的主题是麦克斯韦理论。使这一理论显得具有革命性的是，从远距离作用转变到以场为基本变量……就像"上帝的启示"……

恰好，科学界已经知道有一种横波可以穿过绝缘体甚至空无一物的空间——光。更重要的是，法拉第曾推测（麦克斯韦的偶像），光在某种程度上涉及了电和磁。

1846年，麦克斯韦15岁，法拉第曾临时接替查尔斯·惠斯通进行过一次演讲，他告诉听众：

> 我大胆地提出，考虑将辐射视为一种高层次的力线振动，这种力线将粒子和物质连接成一体。它努力排除以太，但不排除振动。

富有洞察力的法拉第比麦克斯韦更进了一步。麦克斯韦认为他的单元和球体的模型代表的是以太，法拉第却相信电场和磁场无需以太也能穿过虚空。这里的共同点在于，他们都意识到光是场中的一种振动。法拉第依靠的是远见卓识的洞见，麦克斯韦依靠的是自己的力学模型。

看见光

我们不清楚麦克斯韦的模型预言波与光非常相似的确切过程，但很难想象他不知道法拉第那场"关于光线–振动的思考"的演讲。不管是什么触发了这个想法，麦克斯韦的模型给了他一个方法来测试光和电磁学之间的关系是否真实。

众所周知，波通过介质的速度可以通过介质的弹性和密度来计算。在他的模型中，弹性对应于静电力，密度对应于磁力。

对于他的模型，虽不是所有值都能完美确定，但如果取真空弹性的最小值，待测波的速度将与单位磁荷除以单位电荷所得到的速度相吻合，这不太可能是一种巧合。麦克斯韦通过模型计算出，真空中这种电磁波的速度为每秒193060英里（约310700公里）。

麦克斯韦需要将他的预测与光速进行比较。光速最早由丹麦天文学家奥勒·罗默（Ole Rømer）测量——1767年，罗默通过木星两次卫星蚀的相隔时间测量光速。后来，法国物理学家阿曼德·斐索（Armand Fizeau）也对光速进行了测量——他设计了一个机械装置，利用轮子的旋转速度以及光经过的时间测量速度（从一个快速旋转的齿轮上发出光，光沿着9公里长的轨道传送并返回齿轮）。

遗憾的是，在格伦莱尔的麦克斯韦找不到任何有关斐索的研究资料。虽然他预测的电磁波速率似乎比较接近测量结果，但他无法确定。他只能等到10月回到伦敦后再将理论波的速度与光的速度进行比较。回到国王学院后，他发现斐索的最新给出的光速为每秒195638英里（约314850公里），其他的一些估算值在每秒192000~193118英里（约308994~310793公里）。显然，这与他计算的数值相差不到1.5%。

这种相似性不可能是巧合，麦克斯韦写道：

> 这个速度值……与斐索先生的光学实验计算出的几乎一致，我们几乎无法避免这样的推论：光由同一种介质的波动构成，波动是电和磁现象的原因。

这个令庞克莱"不舒服、不信任"的"力学类比"解开了千百年来一直困扰人类的一个谜团——什么是光？

尽管麦克斯韦认为《论物理力线》的前两部分是完整的，但他仍然决定在1862年对其进行扩展，增加了第三部分，包括位移电流和电磁波。当然，在这之后很快有了第四部分，因为他意识到自己的电磁波将解释另一个从未被解释的现象。

麦克斯韦读本科时曾在家庭实验室里研究过偏振光。法拉第也曾研究过偏振光，且发现其通过磁场时偏振方向会旋转。现在，麦克斯韦认定，光是互相垂直的电波和磁波的组合，偏振代表波的方向。自然地，磁场会对光波中不断变化的场产生影响并使其发生旋转，就像电动机中携带变化电流的电线发生旋转一样。

太重，一个人无法完成

1861年10月，回到伦敦，麦克斯韦有了更充裕的时间作研究，因为学校任命物理学讲师乔治·罗巴茨·斯马利（George Robarts Smalley）协助他的工作。麦克斯韦曾抱怨，他的教学负担"太重，一个人无法完成"。这一任命并不代表国王学院在财政上变得慷慨大方，斯马利每个学生每学期7先令的工资需要从麦克斯韦的工资中扣除。

斯马利协助麦克斯韦工作直至1863年7月，之后被任命为新南威尔士州的皇家天文学家。麦克斯韦为斯马利写了一封推荐信给皇家天文学家乔治·艾里，写道：

> 我相信斯马利先生拥有科学知识和细致准确的习惯，非常适合在天文台工作……我认为，他能在天文台稳定、准确和熟练地工作。

威廉·格里尔斯·亚当斯（William Grylls Adams）接替了斯马利的位置（后来又接替了麦克斯韦的位置）。斯马利和亚当斯为麦克斯韦分担了一些压力。

尽管在伦敦的工作压力有所减轻，但回到格伦莱尔才是麦克斯韦最快乐的时光。在那里，他可以平静地思考物理学、享受乡村生活。1861年圣诞节后，麦克斯韦在格伦莱尔给亨利·德罗普（Henry Droop）写了一封信，信中写道（两人在剑桥大学三一学院当研究员时缔结了友谊）：

> 在1月20日之前，我在国王学院无事可做，所以我来到了乡

下。没有下雪，这里有清澈的冰面，人们在冰面上参加冰壶比赛。一整天，即便几英里外，你也能从各个方向听到冰壶发出的声音。由于冰块有规律地振动，冰壶发出的声音并不特别响亮，但不会因距离而快速减弱。

我们不能从他的闲暇时间的消遣方式就推断麦克斯韦只关心自己的研究，对学生不闻不问。之前介绍过，他在图书馆的使用上曾站在学生的立场，还为工人们讲课。关于这方面的细节，一个很好的例子是他在1862年12月写给伦敦国王学院秘书J.W.坎宁安（J.W. Cunningham）的一封信。

亲爱的先生：

我希望力学考试的试卷能用铅字印刷，而不是用石印。

我发现平版印刷的试卷，即使再完美也存在不确定性，这很容易让考试变得不公平。

斯马利先生已经拿到了新的方案，预计今天会交到办公室。

平版印刷是一种印刷技术，字面意思是石头书写。首先，在一块平坦的石头（通常是石灰石，后来是金属）表面上，用蜡或脂肪等抗性物质标出图像的暗部（文本中的字母）。然后，用酸处理石头表面，酸会蚀刻没有抗性物质的表面。再然后，将石头表面进行清洗、浸润，水被保留在字母或凸起图像之间的蚀刻部分。最后，涂上不溶于水的墨水——墨水停留在非蚀刻部分，从而再现图像或文字。

与之相关但更复杂的技术，被称为胶印平版印刷和光刻技术，今天仍在使用，分别用于印刷和生产印刷电路（不涉及石头）。在麦克斯韦的时代，这种工艺相对便宜，但印刷效果远不如活字印刷理想（固定在框架中的金属字母）。麦克斯韦始终是学生的拥护者，尽管给学院增加了额外的成本，但能使学生的试卷题目更清晰。

伦敦大博览会

麦克斯韦延续着向广大公众传播科学的兴趣，如他与英国科学促进会的合作以及在皇家科学研究所的演讲。1862年出现了一个机会，当时各方决定在1851年成功举办伦敦大博览会的基础上再接再厉。虽然法国早先曾举办过两次全国性的展会，但1851年的伦敦大博览会是第一次世界博览会，是一个展示维多利亚时代技术奇迹的机会。

第一届伦敦大博览会非常成功，其利润为科学博物馆、自然历史博物馆、维多利亚与艾尔伯特博物馆补给了建设资金。1862年的伦敦大博览会被选址在自然历史博物馆，也即国际博览会。

作为营利性活动，与其前身相比，这次博览会相对失败——由于建造了更豪华的建筑，它只做到了收支平衡，虽然有大约600万人穿梭于展会大厅。麦克斯韦负责处理与光有关的哲学（科学）仪器的展示。他展示的可不是一个简单的目录，他抛出一些针对科学史的疑问以及对未知物理机制的描述，显示了他在前沿实验光学上的天赋。

那段时间，麦克斯韦有充足的时间研究电磁学模型及其对电磁波的预测。麦克斯韦更新了物理学的研究方法，提出模型并检验其预测能力成为了科学研究方法的核心①。虽然论文发表得到了正面的积极反应，但麦克斯韦并不完全满意。也许，庞克莱的不信任刺痛了他——他决心抛开类比和力学模型，只保留纯粹的、不受约束的数学。

①事实上，这一突破非常重要。麦克斯韦的模型要求光在真空中总是以特定的速度传播，爱因斯坦后来在此基础上发展出了狭义相对论。

6 用数字描述科学

与许多维多利亚时代的科学家一样，麦克斯韦并未受当时趋势的困扰，被一些传统观点束缚——他乐于在物理学的热点领域自由地漫游。这在他的一些书信中有所体现，他在信中愉快地与同行科学家讨论广泛的物理课题。

1863年8月，麦克斯韦与常驻哈佛大学的美国天文学家乔治·菲利普斯·邦德（George Phillips Bond）的信就是例子。邦德于当年5月在伦敦见到了麦克斯韦，随后给他写了关于土星环和彗星的信。当时，彗尾的行为困惑着人们。早在1619年，德国天文学家约翰内斯·开普勒（Johannes Kepler）就曾指出，彗尾总是指向远离太阳的方向。当彗星朝太阳的方向运动时，彗尾会跟在彗星的后面；当彗星朝远离太阳的方向运动时，彗尾会混乱地横在彗星前面。

这种行为给开普勒带来了启示，彗尾不同于移动火焰中的烟流（总是留在后面），应该是受到了某种从太阳发出的东西的推动。不知何故，太阳的射线迫使彗尾远离。职业生涯末期，麦克斯韦会对此提出一个更好的解释（见第9章）；但在回应邦德时，他推测了以太的性质，他仍然认为这是光波的介质。

麦克斯韦在谈到这种介质时写道：

> 只传递光和热，或加入电和磁的机制，或加入引力的机制，它都能做到需要它做的事情。

鉴于麦克斯韦发现了光的本质，将电和磁纳入其中不足为奇，但引力也纳入其中的想法颇为奇怪。然而，这与牛顿时代以来一直流传的想法非常吻合。

关于牛顿有一个著名的说法，他曾声称对引力的远距离作用没有假设，他在《原理》中写道："hypotheses non fingo"，通常被翻译为"我没有提出任何假设"①。这不符合事实。作为粒子理论的重要支持者——例如，牛顿认为光是粒子或"微粒"的集合——牛顿确实有一个基于粒子的引力机制理论，其变体一直发展至1915年，当时的爱因斯坦用扎实的数学功底解释了引力。

前文介绍过，这种基于无形粒子在空间流动并推动巨大物体的想法简单且有吸引力。但它也有缺陷，多年来，多位科学家试图用各种证据克服这个缺陷，但都未能成功。在简单的形式下，该想法预测引力与被吸引物体的大小有关。虽然大小是一个较重要的因素，但它通常指向感官层面。牛顿曾证明，质量决定物体的引力，而非体积大小。因此，基于粒子压力理论的引力解释必须加以修正。

麦克斯韦在给邦德的信中提到了一种类似的引力机制，但它太依赖以太中的压力，如他所说：

> 如果我们能理解致密物体如何产生向外直线辐射的线性压力并持续保持，就能用力学原理解释引力。两个物体的相互吸引正是此介质中力线排斥作用的结果。

他画了一幅图像——线从太阳向外发射，撞击至某物体前以抛物线的轨迹绕开。他继续推测，彗尾正是这些压力线的结果，彗尾被推向远离太阳的方向。不过，他不清楚这些力线为何会以尾巴的形式出现（今天我们知道，彗尾由气体和尘埃组成，从彗星上蒸发而出），他问道：

---

① 也许是牛顿的暗讽，他的这句话还可以翻译为"我不打算只提一个假设"。

彗星为何能让力线可见，而更强大的行星却不能？我认为，引力线可见太不可能，我从未见过像彗尾那样的东西。

麦克斯韦在这里的思考也许并不出色，但展示了他思维的广度。

麦克斯韦妖 黏度引擎

麦克斯韦在电磁模型上取得初步成果后，将研究方向转向了以前的"老对手"——气体的性质。他重点研究了流体的黏度性质，衡量液体（或气体）对剪切力的抵抗，也衡量材料有多厚、有多黏稠。

当时，人们认为气体的黏度随着温度的平方根的大小而变化——例如，温度增加到4倍，黏度增加到2倍。这不是以水的冰点为起点开始测量，而是以绝对零度（-273.15℃，最冷的温度）。绝对零度的概念最早出现于18世纪。麦克斯韦使用了一个合适的温标，这要感谢他的朋友威廉·汤姆森——他于1848年设计了以绝对零度为计算起点的开尔文温标（汤姆森后来被授予开尔文勋爵）。

麦克斯韦喜欢在实验和理论之间架起桥梁，他做了一系列的实验以证实或否定黏度随温度变化的行为。国王学院的日程安排给他提供了充足的实验时间。不过，与现代物理学教授不同，他只能在自己家的阁楼上进行实验，大学没有实验室。

麦克斯韦研究气体黏度的主要实验装置由一系列沿着一个垂直铁丝轴放置的圆盘组成，固定的圆盘和可旋转的圆盘（通过扭动铁丝轴一起旋转）交替放置。这些圆盘被装在一个玻璃室内，麦克斯韦可以用气泵改变压力或将内容物更换为不同的气体以测试它们对黏度的影响。这不是一台桌面型仪器——它放置于阁楼的地板，高度超过了麦克斯韦的身高（见图8）。圆盘的直径为10.56英寸（约36.98厘米），铁丝长4英尺

（约1.21米）。麦克斯韦用架子外面的磁铁试图移动玻璃室内的圆盘，将它们左右滑动直至圆盘在铁丝上来回扭动。由此产生的振动是缓慢的——麦克斯韦指出，"一次完全振动的周期是72秒，圆盘边缘的最大速度约为每秒0.083英寸（约0.21厘米）"。

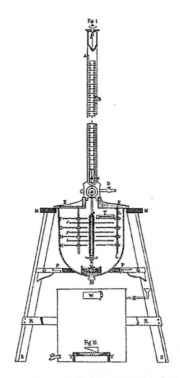

图8　麦克斯韦测试黏度的装置，圆盘封闭在玻璃室中，像一个倒置的钟形瓶

　　当圆盘振动时，旋转的圆盘和固定的圆盘之间的空气阻力（固定圆盘在最大限度上减少了气流的影响）造成了拖曳效应，故而麦克斯韦能估算出气体的黏度。尽管发生了一次危险的挫折，但他仍然很快得到了结果并在1865年11月向皇家学会提交了报告——他把压力降低得太多，玻璃室发生了内爆，为此他用了1个月的时间才使仪器重新运转。

　　由于实验的意义在于观察黏度如何随温度发生变化，所以麦克斯韦和凯瑟琳只能不断地改变阁楼的温度。坎贝尔和加内特的传记写道：

　　有几天，房间里生起了大炉火，虽然当时正值盛夏。炉火上放着水壶，大量的蒸汽流入房间。麦克斯韦夫人担任司炉工，经常连续工作几个小时。在这之后，他们又使用了大量的冰块，为房间降温以进行后续的实验。

　　实验结果对麦克斯的气体理论提出了挑战，它证实了一个惊人的发现——黏度与压力无关；黏度与温度有关。实验表明，黏度与温度成正比，温度增加1倍，黏度也增加1倍。麦克斯韦的研究结果巩固了他的实验科学家的地位，物理学家正在突破知识的极限。不过，就目前而言，他可能会分心，无法继续这个问题的研究。

麦克斯韦妖　立体镜和"棺材"

　　这并不令人惊讶，因为这次的干扰来自光和色觉，是他曾经最喜欢的主题。在伦敦的家中，立体镜成了麦克斯韦实验研究和客厅娱乐的混合主题。在像麦克斯韦家那样的维多利亚时代的家庭中，来访者看到由新技术提供的娱乐活动司空见惯。在19世纪60年代，客厅没有立体镜是不完整的，它就像今天的电脑一样是体现中产阶级家庭科技感的重要组成部分。

　　19世纪30年代，立体镜由另一位国王学院的教授查尔斯·惠斯通①发明。它将一对照片组合以产生3D图像，就像我们用两只眼睛观察事物那样。麦克斯韦早于1849年在爱丁堡大学读书时就知道了它，因此在给刘易斯·坎贝尔的信中，他提到了"惠斯通的立体镜"以及"布鲁斯特爵士如何在苏格兰皇家艺术学会上展示从两个站位上看阿里亚斯和野

———————————

　　①即法拉第在1846年临时接替演讲的查尔斯·惠斯通。

125

兽雕像的卡罗法（Calotype）①照片"。麦克斯韦评论，"正确观看时，它们非常立体"。到了19世纪60年代，现成的立体照片结合了更简单的光学设备，立体镜风靡一时。

后来，麦克斯韦在标准立体镜的基础上作了一个重要的改进。这并未应用于商业，因为它比传统的形式更大、更昂贵。这种客厅立体镜由一个框架构成，框架内有一对照片（或画像）和一对透镜，观众通过透镜观看照片。这与20世纪40年代开始流行并在60年代达到顶峰的三维魔景机（View-Master）玩具使用的方法基本相同——它在一个圆盘上放有七对图像，观察者可扣动侧面的扳机使其旋转。立体镜能让这些图像在观察者的大脑中结合，产生一个虚拟的三维图像。

立体镜的效果很好，但也有局限性——这种体验仅限于个人（不能多人同时对着镜头观看）且虚拟图像与观察者的距离遥远。1867年，麦克斯韦开发了一种"实像"立体镜，它使用了标准的一对照片和双镜头，但在前面增设了一个大镜头。观众即便站在距离镜头几英尺的距离，也能看到三维图像在大镜头后面的空间里飘浮。麦克斯韦让仪器制造商艾略特兄弟公司（Elliott Brothers）组装了一个设备，并在1887年9月向英国科学促进会提交了一篇与它相关的论文。后来，它用这个设备演示曲面和数学结的三维图像。拓扑学和纽结理论是麦克斯韦多年来的娱乐活动，与他的主要工作有着密切关系。

事实上，在麦克斯韦的家中，访客们可以期待各种不同寻常的体验。他们会被带到阁楼上一睹"棺材"的风采。这是麦克斯韦最新的灯箱，用于混合红、绿、蓝三色光，可以一次产生一种完整的光谱。这个8英尺（约2.43米）长的盒子在交付时给麦克斯韦的邻居们带来了困惑，它看起来确实像"棺材"。对访客们来说，这只是一次新奇且令人兴奋的体验；对麦克斯韦来说，这是一次收集数据的机会，了解多个个体对不同颜色的感知（包括正常视力者和色盲者）。那段时间，每年平均约

---

①卡罗法是W.H.福克斯·塔尔博特（W.H. Fox Talbot）发明的以负片为基础的照相技术（与以正片为基础的旧的达盖尔照相法相反）。

有200名访客在阁楼上接受"棺材"的考验。

斯麦 韦克 妖 | 电阻的标准

　　一个不那么有趣但很实际的问题是电学单位——用于测量电流或电阻等的单位。随着电气工程特别是电报技术的发展，这些单位变得越来越重要。今天的人们很难理解电报给通信速度带来了怎样的根本性的突破。当时，麦克斯韦的两个朋友，威廉·汤姆森和亨利·弗莱明·詹金（Henry Fleeming Jenkin）参与了那个时代最大的电报项目——跨大西洋电缆，人们担心电缆中的电阻会给项目带来阻碍。汤姆森和法拉第一起作过推算，如果电缆的阻力太大，发送一个字符的时间也许会超过4秒。

　　如此重要的电缆技术受制于一个尚未被精确研究的课题，因此，获得一个精确的电阻度量单位意义重大，具有较重要的实际应用价值。英国科学促进会认为，考虑电磁学方面的专长，麦克斯韦是较理想的人选。1861年，在曼彻斯特会议上，英国科学促进会成立了一个委员会以专门研究标准单位。麦克斯韦后来在1863年的纽卡斯尔会议上提交了重要的工作报告。

　　从历史上看，单位通常产生于不同地区，这为它们的国际交流带来了混乱。很多国家对长度或重量等单位都有自己的定义，人们很难确定这些测量值真正表示的是什么。这并不是什么新鲜事。古希腊数学家和工程师阿基米德在《数沙者》（The Sand Reckoner）中用度量单位"斯塔德（Stade）"——体育场跑道长度的倍数——给出了宇宙大小的定义。当时，一个体育场的长度约600英尺（约182米），但不同的城市对体育场的长度都有自己的定义。事实上，一个斯塔德的长度约为150~200米，这意味着我们无法准确度量阿基米德表达的长度。英国科学促进会认为，由于海底电缆的存在，电气科学已经成为国际性的科学，这种不确定性不能再发生了。

电和磁的新功能需要适当的单位，因此，麦克斯韦同意在爱丁堡工程师亨利·弗莱明·詹金（缆车的发明者之一）以及巴尔福·斯图尔特（Balfour Stewart）的帮助下制定电学标准。斯图尔特是一位物理学家，曾在爱丁堡与福布斯共事并担任泰晤士河畔里士满（Richmond upon Thames）乔城天文台（Kew Observatory）的主任。他们三人组成的小团队在国王学院进行了一系列的实验，提出了一个更合理的系统，用于定义电阻、电流等单位。

这是一次不寻常的工作，这是麦克斯韦参与的唯一一次真正的团队合作，而非单独行动（凯瑟琳的援助除外）。当然，他的研究并非与世隔绝——他与威廉·汤姆森、彼得·泰特等人的信件充满了科学想法和疑问，物理学家希望在彼此间引起共鸣。但与现代科学不同，真正的合作很少。

一些传统单位的确定比较简单，它们通常始于自然界的物理度量，然后在当地通过某个例子标准化。例如，旧制的距离单位英尺和英里，即依赖于人体特征定义——分别为人体解剖部位的大小和行走一千步的长度。米的确定略微科学一些，在经过巴黎的子午线上，取从赤道到北极点长度的一千万分之一（早期定义）。虽然很多单位都被标准化，但正如我们所见，各国的官方衡量标准并不相同。

与之相比，电压、电流、电阻标准的制定并不明确。有人提出了间接测量方法，利用设备将一种电学度量单位转化为更熟悉的物理单位。例如，众所周知，两个电荷之间的力会随着它们距离的平方反比而衰减，似乎可以用产生的力和它们之间的距离定义一个电荷单位（后来的库仑）。它还能用以计算电流（后来的安培），即电荷的流速。

此外，电流的计算还可以以其自身为切入口——随着人们对电磁相互作用所涉及的数值更深入的认识（尽管电磁相互作用的原因尚未完全了解），力和距离也能用来衡量两个相互作用的电线圈之间的电流。第三种选择是以电阻为切入点，这涉及旋转线圈在磁力影响下偏转的测量。

因为理解跨大西洋电缆的属性非常重要，所以电阻是麦克斯韦的国王学院小组需要攻克的重点。这促使威廉·汤姆森根据第三种选择设计的一个优雅机制成为现实。汤姆森的设计是在地球磁场中旋转一个线圈，并利用感应电磁效应抵消地球对小型永磁体的拉力。由于地球磁场的大小在两种效应之间抵消，永磁体偏离磁北的量只取决于线圈的大小、旋转速度和电阻——因此，给定前两个值，可以得到电阻的绝对值。

电阻和速度

用汤姆森的方法测量的电阻单位近似速度单位。它与信号在电线中的实际速度并无关系（这给当时的许多从事电报工作的人带来了困惑），它只是由测量中使用的不同值（如距离和旋转速度）的单位所致——以速度的形式（距离和时间）表达电阻。标准单位被确定为10000000米/秒，后称B.A.单位，也称"欧姆（ohmad）"[1]，缩写为"ohm"[2]。10000000米/秒是早期定义，事实上，它存在一个测量误差（非麦克斯韦的计算有误），意味着该值略小于标准欧姆。

汤姆森设计的仪器较复杂，有效运转也不容易，它要求线圈以恒定的速度旋转。詹金投入了大量精力，设置了一个调速器以控制旋转的稳定。设备易发故障，更糟糕的是，敏感度太高——即便一艘铁船从附近的泰晤士河经过，探测磁铁也会出现轻微的偏移[3]。经过数月的工作，才得到一组令人满意的读数。他们在1863年的英国科学促进会会议上作

---

①与电容的单位类似（法拉因迈克尔·法拉第而命名），电阻单位欧姆因德国物理学家乔治·欧姆（Georg Ohm）而命名，它揭示了电压和电流之间的关系。

②这是"欧姆"最初的由来。几年后，人们给欧姆赋予了"Ω"符号，反映欧姆与希腊字母"omega"巧合的同音。

③也许，21世纪的LIGO引力波观测站的建造者会得到麦克斯韦的同情，观测站的灵敏度太高，即便一辆卡车从附近经过也会对引力的探测产生影响。

了报告后，1864年才确认这些数值的可靠性。

除了从旋转线圈中定义的理论外，国王学院的小团队还设计了一个"B.A.标准电阻"。这是一个了不起的结构，最早完成于1865年，由一个铂/银合金线的线圈组成，线圈外覆盖有绝缘材料丝绸，线圈内是一根黄铜芯。之后，将整体涂上石蜡，用粗铜线将其与电路连接起来。为了保证温度恒定，电阻被悬挂在水浴中。虽然标准电阻不能像标准距离尺那样用眼睛就能实现与另一个电阻的比较，但有一种简单的设备可以将其用于对其他电阻的校准——惠斯通电桥。

英国科学促进会委员会在推动制定这些单位上表现出的前瞻性令人印象深刻。当时，大多数科学研究都受制于笨拙的英制单位，但电学单位却是以更适用的公制为基础。这意味着，在其他科学单位转而改用公制单位时，电学单位已不需要重新定义。例如，安培（电流）乘以伏特（电位）是电功率的单位；当时机械功率的单位是马力或英尺磅/分钟。1921年，国际上全面采用公制单位时，机械功率的单位是瓦特——安培乘以伏特。

无可见证据的电磁学

也许是出于对电磁学实践的重新关注，麦克斯韦开始重新思考自己在电磁模型建立上已取得的成就。虽然他基于力学的模型非常有效，但一些人抨击其过于依赖类比。麦克斯韦希望通过一种科学技巧巩固该理论——让数学自洽（抛开力学基础）。

麦克斯韦将注意力集中在电和磁，而不是继续他的"光是一种电磁波"的理论研究，实在令人惊讶。虽然颜色和视觉仍是他的爱好，但他似乎有意将自己在这方面的研究局限在光的运动。也许，他认为自己应该在电和磁的基本原理上提出更深刻的见解。因此他并未将自己的努力完全投入光的运动——除了根据法国物理学家朱尔·夏敏（Jules Jamin）

的建议对反射和折射做了初步说明外，他回避了涉及光和物质相互作用的研究①。例如，他曾说："在我的书中，从未深刻讨论反射；我发现，讨论光在磁化介质中的传播是一个艰难的话题。"

从力学模型转变为数学模型，需要涉及一种独创性的方法，这是麦克斯韦伟大的天才之作。这种方法为大多数物理学理论奠定了建模基础，今天的人们仍在使用。在2004年英国皇家科学研究所的一次辩论中，对于谁是科学第一人这个有争议的话题，四位辩手提出了不同的答案。我是辩手之一，我支持13世纪的罗杰·培根；另一辩手支持麦克斯韦——简单的论点，"'科学家'这个词使用于1834年，在这之前的人不能称为科学家"；复杂的论点，"麦克斯韦是第一个现代意义上的科学家②，他试图用数学方法建立模型以寻找物理现实的真实性质"。

有趣的是，我们可以推测一下，麦克斯韦选择数学的行为是否受到了德国哲学家伊曼努尔·康德（Immanuel Kant）的影响。显然，在大学哲学课上，麦克斯韦接触过康德的思想。康德将现象世界与本体世界作了明确的区分。康德认为，我们最多能解读现象世界，事物的根本很难探寻。不过，麦克斯韦以及同时代的很多人相信，他们可以发现隐藏在现象背后的真相，麦克斯韦转向纯数学模型的方法似乎反映了对康德的否定。

100年前，在牛顿工作的基础上，在意大利出生的法国数学家约瑟夫–路易斯·拉格朗日（Joseph-Louis Lagrange）对传统力学进行了数学改造，推出了今天人们知道的拉格朗日力学。拉格朗日力学的核心是一个被称为拉格朗日量（Lagrangian）的数学函数，它将一个系统中所有物体的运动信息拼凑起来形成一个单一的结构。在数学中，函数是一个方程或多个方程的简洁表达。它就像数学机器，在方程中输入一组值将得到另一组值。

一个简单的函数是取一个数字并对其进行处理，例如计算它的平

---

① 直至量子理论的出现，光和物质的相互作用才得以正确解释。
② 其他两位竞争者是阿基米德和伽利略——最终，伽利略获得了这个称号。

方。函数通常写作 $f(x)$，本例中，$f(5)=25$。今天的人们知道，在物理学和计算机技术中，数学函数是一种强大的工具。在计算机技术中，函数通常应用于计算模块，可以针对不同的输入得出不同的结果。拉格朗日量由一组基于微分学的方程组成，这些方程将物体的速度、动量和动能联系起来。

虽然拉格朗日量仍然会涉及对实际物理过程的思考，但函数一旦被建立且其计算结果与观察相匹配，它就能完全脱离类比。这种函数不依靠任何力学模型，它是一种纯数学模型。它就像一个黑匣子，使用者提供某种输入，"转动手柄"即可得到输出。如得到的结果与观察相匹配，该函数则可使用，无需知道由它建模的系统是如何进行实际工作的。

斯韦妖麦克 在数学钟楼上

经常去教堂的麦克斯韦认为，拉格朗日方法的理想类比是一个钟楼（他否定了力学模型，但仍然喜欢用其对事物作解释）。这段话虽然长，但值得细细品味，因为它描述了现代物理学的产生：

> 我们可以把这项研究看作科学原理的数学说明。在研究任何复杂的物体时，我们必须将注意力集中到我们能够观察并能引起变化的元素上，忽略那些既不能观察到也不能引起变化的元素①。
>
> 在一栋普通的钟楼里，每一个钟都有一根绳子，绳子通过地板上一个洞②向下连到敲钟人的房间。假设，一根绳子并不只作用于一个钟，它能引起诸多机械部件的运动；每个部件的运动不只由一根绳子决定，而是由多根绳子共同决定。再假设，管绳人既看不到钟也听不到机械部件发出的声音，他们只能看到地板上方的洞。

---

①如康德的话，"既要坚持现象，也要忘掉现象"。
②从敲钟人的角度看，天花板上有个洞。

　　鉴于以上假设，管绳人的科学职责是什么？他们完全掌握了绳子，但对其他的事情一无所知。他们可以给每根绳子赋予任何位置以及任何速度；他们可以通过拉停绳子以感受绳子的拉力并评估它的动量。如果他们用心测量将绳子拉至给定的一组位置需要做多少功并对这些位置进行标识，则探明了该系统在已知坐标上的势能。如果他们探明了一根绳子由速度或相对速度[1]传递给自己或其他绳子的拉力，则能用坐标和速度去表示动能。

　　这些数据足以确定任何一根绳子受到任何给定力的作用时发生的运动。这就是管绳人所能知道的一切。如果上述机械的自由度[2]大于绳子的自由度，则表达这些自由度的坐标必须忽略，没有办法。

　　因为麦克斯韦的早期模型是力学模型，所以它能以拉格朗日形式表示。现在，麦克斯韦可以抛弃以前的单元和球体（抛向假想的敲钟人房间的天花板），只需处理类似钟楼钟绳的数学方程。这可不是简单的任务，他需要扩展当时的数学，使其能应对建立电磁模型时额外的复杂性。他的工作主要取决于思考能量的能力——数学模型中的势能和动能——以及能量与不同电磁框架的匹配。

　　比较麻烦的是，模型需要处理许多矢量。汤姆森曾有介绍，麦克斯韦在早期的流体模型中使用了矢量数学。不过，在拉格朗日框架中，各种量混在一起，极大地提升了数学挑战性——既有场强度那样的矢量（有大小和方向），也有电荷那样的标量（只有大小）。

　　尽管困难重重，麦克斯韦仍然实现了他的目标。1864年12月，他向英国皇家学会提交了他的具有突破性的电磁学数学模型，并在次年将其发表在由七部分组成的论文《电磁场的动力学理论》里。

----

　　[1]将一根绳子的速度定义为1，他们可以建立一个标准以测量其他绳子的相对速度。

　　[2]在物理学中，"自由度"指定义系统状态的不同参数的数——如果知道所有参数，就能准确地预测它的行为；如果只知道部分参数，预测将受到限制。

新物理学

　　人们对一种新奇的理论一般有两种反应——要么，被理论的清晰性折服；要么，被理论的奇异性迷惑。麦克斯韦的理论在很大程度上属于后者①。皇家学会的听众对他的理论表示赞赏，但对他表达的内容无法理解。

　　在此之前，物理学是一门有关实验和哲学理论的学科，只要求基本的数学技能。现在，数学在麦克斯韦的理论中占据了主导地位，很多听众跟不上节奏。

　　不仅普通大众很难理解，皇家学会里的许多当时顶尖的物理学家也很难理解。例如，威廉·汤姆森就承认，他从未真正理解麦克斯韦的理论。汤姆森是最后一代不必掌握高级数学就能成为顶尖学者的物理学家。

　　迈克尔·法拉第在1857年写给麦克斯韦的一封信中，对这种反应以及向普通大众解释强数学物理理论的难度进行了点评。法拉第写道：

　　　　有一件事我很想问你。当从事物理学研究的数学家得出一个结论，该结论是否可以用数学公式完全、清晰和明确地进行通俗表达？如果可以，这种表达对我这样的人来说真是一件好事——数学家用公式将物理现象翻译出来，物理学家用实验验证它们。我认为可以，因为我发现你总能将自己的结论清晰地传达给我。尽管我不能充分理解你的推理过程和具体步骤，但你得出的结论与事实完全

---

①麦克斯韦的粉丝爱因斯坦也遇到过类似问题，他提出光由光量子组成，光量子既有能量也有动量。1913年，德国著名物理学家马克斯·普朗克（Max Planck）向普鲁士科学院推荐爱因斯坦时，他请求人们忽略爱因斯坦对光量子"不着边际"的猜测。最终，这种猜测被广泛接受并为爱因斯坦赢得了诺贝尔奖。

吻合，我可以根据它们进行思考和研究。如果我的认为是正确的，如果从事物理学研究的数学家能在他们习惯的工作环境和状态下给出有效的结果，岂不是一件好事？

事实上，法拉第主张的是一种直到现在才被广泛接受的论文摘要，这在某种程度上预示着科普写作的成功，随着麦克斯韦的强数学方法接管了物理学，科普写作变得越来越重要。和以往一样，法拉第是一个有远见的人。

不仅是物理学家理解麦克斯韦的数学感到吃力，数学家也感到困难，因为他使用了大量物理术语而非数学术语。1883年，塞尔维亚裔美国物理学家迈克尔·普平（Michael Pupin）在拿到自己的第一个学位后赶往欧洲，试图掌握麦克斯韦的理论。他计划在剑桥与麦克斯韦交流，遗憾的是麦克斯韦已于几年前去世。在剑桥，他找不到有能力向他解释麦克斯韦理论的人。后来，他前往柏林，在赫尔曼·冯·亥姆霍兹（Hermann von Helmholtz）的指导下学习，终于得到了满意的解释。

想用较佳的实验证据支持麦克斯韦的模型，显然还需要一段时间。关键点是，虽然麦克斯韦预言电磁波的传播速度与光速相同令人印象深刻，但缺乏实验证据——需要有人演示从电源处产生波并证明它们能穿越空间。海因里希·赫兹（Heinrich Hertz）花了20年时间才完成了这一工作，首次以人工方式产生了无线电波。

美丽的方程式

雪上加霜的是，麦克斯韦的数学公式颇显混乱——总计20个方程，涵盖6种不同的属性，如电流和磁场强度等。直到20年后，麦克斯韦所做的紧凑性工作才突显出来。当时，自学成才的英国电气工程师和物理学家奥利弗·亥维赛（Oliver Heaviside）[①]使用相对较新的矢量微积分将麦克斯韦的方程重新表述为只有四行且令人惊叹的紧凑形式。

　　根据单位的不同以及是否考虑真空以外的其他材料，这些方程式可以有多种表现方式，但最简单的版本只有四行：

$$\nabla\cdot D=\rho_f$$

$$\nabla\cdot B=0$$

$$\nabla\times E=-\frac{\partial B}{\partial t}$$

$$\nabla\times H=J_f+\frac{\partial B}{\partial t}$$

　　这种紧凑性得益于"运算符"，运算符可以将某个数学运算应用于某个集合中的任意值。举例：我编造了一个给任意数字加2的运算符，称其为 T。将 T 应用于所有正整数，产生集合"3，4，5，6，…"，因为正整数的集合为"1，2，3，4，…"，运算符要求我们给每个数加2。

　　麦克斯韦方程紧凑版中的倒三角算子通常被称为"del"。在麦克斯韦的时代，它也被称为"nabla"，这是神学家威廉·罗伯逊·史密斯（William Robertson Smith）向彼得·泰特建议的符号术语。"nabla"这种称谓源自希腊语的某种轮廓粗糙的竖琴——纳布拉琴。麦克斯韦对这个称谓不以为然，经常嘲笑它。在给刘易斯·坎贝尔的信中，他用这个词胡乱派生："这封信被称为'Nabla'，调查被称为'Nablody'"。另一次，麦克斯韦写信给彼得·泰特："你认为'空间变异'用'Nabla'是不是更合适？"我们将坚持使用现代术语"del"。

　　"del"表示微分方程被应用于整个数值范围，无论是牛顿使用的传统微分，还是麦克斯韦使用的既有大小又有方向的矢量微积分。这里，

[①]亥维赛最出名的也许是亥维赛层，音乐剧《猫》的粉丝们应该很熟悉。这是大气层上部的一层电离气体，它能反射无线电波，可以将无线电传输发送到地平线以外（电磁波沿直线传播）。委婉一点说，亥维赛是个性格乖戾、特立独行的人。

当"del"后面有一个点时，是矩阵的点积运算，如第一和第二个方程，它产生了矢量场的"散度"，提供了每个点的场值；当"del"后面有一个叉时，是叉积运算，如第三和第四个方程，产生矢量场的"旋度"，它显示了每一点的旋转[1]。

四个方程共同描述了电和磁的关键行为。

第一个方程：

$$\nabla \cdot D = \rho_f$$

给出了高斯定理。这个方程提供了左边的电场强度[2]与右边的电荷密度之间的关系。

第二个方程：

$$\nabla \cdot B = 0$$

表明磁场的发散度为零，表达不可能存在孤立的磁极——它们总是成双成对，互相抵消。

第三个方程：

$$\nabla \times E = - \frac{\partial B}{\partial t}$$

解释了法拉第感应，提供了一个变化的磁场（B）和它所产生的电场（E）之间的数学关系。

最后一个方程：

---

[1]麦克斯韦的力学模型既涉及小球的线性流动，也涉及单元的旋转。
[2]电场通常用E表示，但这里用D表示"位移"场，指麦克斯韦在他的单元发生弹性扭动时球体在"抽动"期间发生的位移。

$$\nabla \times H = J_f + \frac{\partial B}{\partial t}$$

描述了电场产生磁性的方式。这里的 H 是"磁化场"，与磁场 B 成正比，根据介质的不同而变化；J 反映了电流。

第一个方程中的 D 处理的是变化的电场。第三和第四个方程的变体相结合，可以描述这样一个以光速运行的波——不断变化的电场产生不断变化的磁场，又产生不断变化的电场，循环往复。

不需要成为物理学家，也不需要沉浸于数学工作，就能体会到这四个方程（方程变体经常出现在 T 恤衫上）的紧凑和强大，它们可以包含所有的电磁学现象。

一走了之

爱因斯坦认为麦克斯韦是最伟大的物理学家之一——尽管在教师岗位上后者付出更多，但他们都对教师工作挤占自己的研究时间而抱怨。爱因斯坦理想的解决方案是抓住机会搬到美国普林斯顿高等研究院（IAS）。一些学者认为，这种修道院式的生活似乎有碍于他们推进新思考；但对爱因斯坦来说，那是一个舒适的工作场所。

麦克斯韦没有类似 IAS 那样的选择——但他有财富自由的优势。尽管助手减轻了他的授课任务，但他仍然抱怨国王学院的教学压力。他决定辞职并与妻子一起回到格伦莱尔进行独立研究。以往的经验证明，格伦莱尔的假期生活更利于促进他的思考。

站在现代科学家的角度，麦克斯韦的行动似乎是一种倒退。当时，虽然科学研究少有团队合作，但仍然需要大量的信息共享；今天，如果没有学术机构和会议，物理学家会觉得浑身不自在。麦克斯韦从皇家学会和皇家科学研究所的科学中心走向幕后，他更多地依赖于书面资料而非人际交往。据我们所知，他与伦敦的文化交流不多，除了皇家学会、皇家科学研究所和英国科学促进会的哲学聚会外，几乎找不到参加戏剧、音乐会或其他社会活动的记录。年轻时，麦克斯韦的社交领域相对更广；现在，他更偏向于独立研究。

　　与一有机会就远离教学的爱因斯坦相同，麦克斯韦从脱离教学任务中受益——现在的他可以只专注于自己的研究。然而，与爱因斯坦不同的是，麦克斯韦似乎乐于将自己的研究与他人分享。他对伦敦的失望可能源于那里的学生的读书目的。如我们所知，多数人只读短暂的几个学期，多数人仅将学校教育视为有助于自己日后进入工程领域发展的垫脚石，只有极少数人将物理学视为一个严肃的学科。只有真正重视物理学进步的大学提供的工作机会，才能吸引麦克斯韦。

　　1865年初，在国王学院度过了硕果累累的5年后，麦克斯韦夫妇离开伦敦，回到了格伦莱尔的家中。甚至来不及等到学年结束，麦克斯韦就让他的助手和继任者"自然哲学讲师"威廉·格里尔斯·亚当斯①接任自己的教席，亚当斯将在这个位置上再干40年。必须承认，麦克斯韦从伦敦完全撤退需要一些时间。为了应付他在国王学院以外的工作（给工人们讲课），麦克斯韦会在1865年底、1866年底，以及1868年初的几个月里，在他放弃伦敦的租约之前，在肯辛顿的家中暂住。尽管如此，对麦克斯韦来说，他已远离了学术界。

---

①亚当斯后来是光伏电池早期形式的发现者之一。

妖之插曲Ⅵ 妖的挫折

我的创造者的新数学方法令他同时代的许多人感到困惑。这非常有趣，因为它代表着物理学研究方法的重大转变。爱因斯坦将詹姆斯·克拉克·麦克斯韦的肖像挂在自己书房的墙上并评价：

> 自麦克斯韦时代以来，物理现实（Physical Reality）一直由连续的场表示……无法进行力学解释。这种对现实概念框架的改变，是自牛顿时代以来物理学经历的最深刻、最富有成效的变化。

测量的代价

我们先往后看，将目光聚焦到麦克斯韦离世很久的20世纪20年代，看一看年轻的匈牙利物理学家利奥·西拉德（Leo Szilard）的研究，他因发现链式核反应而闻名。值得注意的是，西拉德将证明，JCM的卑微妖是信息论的先驱。要理解西拉德对我的看法，你需要详细地了解热力学第二定律的另一面。

你也许还记得，我的主人和他的朋友们主要关注的是第二定律中的热和分子运动——毕竟，热力学原理的提出是为了理解蒸汽机的工作原理。JCM用统计学方法将事情弄得妙趣横生，但他认为第二定律的重点是热永远不会从较冷的物体传递到较热的物体，除非它得到帮助。到了西拉德的时代，第二定律的重点是它对熵的处理。

正如我前面介绍的，熵是一个系统的混乱程度的量度——但它并不像听起来那么模糊，它有一个明确的数值。某系统的熵的计算基于该系统组件的独特排列方式的数量①。乍一看，熵与混乱程度的量度不好理解。这里，我们用字母举例，将字母顺序排列——ABCD…Z——只有一种排列方式；将字母乱序排列，会出现多种排列方式。

ACBD…

GQCE…

LAQV…

…

这意味着顺序排列时字母的熵远低于乱序排列时，因为后者有更多的排列方式。

西拉德认为，我这样的妖必须是一种智能生物才能完成工作。妖决定是否让某个分子通过而进行的测量过程本身就会导致熵的增加。西拉德的理由是，"在这个过程中，妖必须测量分子的速度或动能。然后，妖需要将这些信息存储于大脑，以便作出是否开门的决定"。西拉德认为，测量过程会导致能量的使用和整个系统熵的增加——妖必须被视为系统的一部分，他因使用能量而增加的熵大于气体中减少的熵。

西拉德提出将我视为智能观察者参与活动的观点得到了许多人的认可。不过，麦克斯韦时代的科学家们却并不认同。对于JCM和他的朋友们来说，观察者只有科学家，他们是客观观察者且与实验完全分离。但当西拉德接触到我的时候，量子理论已走进了物理学家的世界②。

量子物理学的一个基本原理是，测量行为——甚至只是看着某

---

① 技术层面，熵 $= k \ln W$，k 是玻尔兹曼常数，$\ln W$ 是组件排列方式数的自然对数。

② 英国物理学家威廉·布拉格（William Bragg）写道："周一、周三、周五，上帝用波动理论管理电磁学；周二、周四、周六，妖用量子理论管理电磁学。"在某种程度上，这是有道理的。我乐于看到一个物理学家承认妖对物理学的贡献的重要性，虽然人们尚不知道周日的电磁学如何。

物——有可能对对象产生影响。举个例子：妖用光测量一个粒子的位置，会涉及光子在分子上反弹，其路径和动量有可能发生改变；更重要的是，按照量子理论，在测量之前，分子并无确定位置，它甚至可以通过隧道穿过我的门而出现在另一边。

在麦克斯韦的统计力学方法中，概率内置于模型。他认为，任何分子都存在一个确定的位置，我们虽不能准确找到它，但可以用概率统计分子集可能的行为。但量子现实告诉我们，在没有观察到之前，分子的位置在字面上和实际上都只是概率。这也是爱因斯坦对量子物理学的担忧，因此他提出了上帝不玩骰子的观点。上帝可能不会这样做，但妖……

从量子物理学的角度来看，你永远无法将观察者和实验完全分开。让妖的角色成为实验整体系统的一部分是西拉德的重要贡献。他建议，我的测量必须以某种方式影响系统，迫使熵回升至足以抵消由我产生的全部好处。

对我来说，这并不重要，但西拉德就我的问题的研究间接地使美国工程师克劳德·香农（Claude Shannon）发展出信息理论。他将熵的概念引入信息，如信息通过麦克斯韦的电磁波从一个地方传递到另一个地方。

碰巧，凭借妖的滑溜，我设法从西拉德的解决方案中逃脱出来，继续威胁第二定律。不过，在这之前，我们先看看JCM远离学术界后的生活。

7 庄园生活

在格伦莱尔，麦克斯韦能自由支配时间，专注于写作，将他的实验和理论继续推进。当时，麦克斯韦正与他的老朋友、留任爱丁堡大学自然哲学教授的彼得·泰特共同编纂《自然哲学论》（*A Treatise on Natural Philosophy*）。这是一本覆盖面极广的教科书，包含大学学制内整个物理学课程的教学大纲。确切地说，直至20世纪60年代理查德·费曼为本科生讲座编写出《费曼物理学讲义》之前，无任何物理学图书能达到其广度且备受学界推崇。

今天，合作撰写一本书的工作相对简单——书的章节和注释能通过电子邮件来回传递，合作者还能在云端同时编辑共享版本。当时，麦克斯韦和泰特需要传统邮件交流，格伦莱尔和爱丁堡之间的邮件决定着书稿进度。事实上，因其广泛的科学爱好，麦克斯韦的邮递量非常大，以至于格伦莱尔的路边安装了一个仅供麦克斯韦个人使用的邮筒。

此后，麦克斯韦独立完成了有助于热力学发展的电磁理论专著《论电学和磁学》以及对热力学有深远影响的《论热能》。在《论热能》中，他向大众介绍了那个"有限的存在"，汤姆森后来将其称为麦克斯韦妖。

格伦莱尔的生活

理论上，妖根本不会出世。1865年，麦克斯韦在格伦莱尔享受着他的第一个不是暑假的夏天，户外骑马。他骑着一匹不熟悉的马，失去了控制，马驮着他冲进了低矮的树丛。一根树枝击中了他的头部，伤势很快从严重的擦伤演变为丹毒。庄园虽有舒适的休养环境，但严重缺乏药品，患者只能在焦急中等待退烧。

几个星期后，麦克斯韦又开始了工作——科学不会长时间离开他的视线，当然，现在的他可以充分享受格伦莱尔的家庭生活。那会儿，麦克斯韦夫妇的大部分时间都献给了这个温暖的家。这是一次庄园改造建设的好机会——在麦克斯韦父亲的时代，许多人提出过类似建议，但未能实施。

当然，这也是凯瑟琳最后一次怀孩子的机会，完全搬至格伦莱尔时的凯瑟琳已41岁了。虽然这个年龄在理论上仍有生育的可能，但成功者并不多。毫无疑问，麦克斯韦喜欢孩子，从他与别人的孩子玩耍时表现出的热情以及他对庄园的责任感不难看出。此外，当时，有一个继承人被视为一种责任，他的当代传记作者指出：

> 晚年的麦克斯韦努力逗乐儿童的那份善意令人难忘，与他有过私交的人对他的最深印象莫过于此。

如同那一时期的很多其他配偶，我们对凯瑟琳性情的了解少于她的丈夫。我们不知道她是否喜欢孩子，但结果是肯定的。

麦克斯韦刚从感染中恢复过来就开始了对历史经验和想法的重新思考。一些科学家惯于在一个课题成功后快速转向新的课题，麦克斯韦惯于对一个课题反复思考，即便只是对以前的工作进行微调。有时，他甚至会提出颠覆性的想法——如他的电磁模型。

重新思考自己年轻时候的成功是危险的，多数人会感到害怕而非诱人。我偶尔会做噩梦，梦见自己正参与一场大学考试（数学或物理），我没有修改任何内容，也不认为任何方程式需要修改，我相信我不是唯一有此经历的人。不过，当剑桥大学邀请麦克斯韦研究数学荣誉学位考试时，他乐于重返战场——考试机制落后、复杂，且引起了学术界的关注。剑桥大学数学荣誉学位考试陷入了过时的泥潭，曾经的获得者麦克斯韦需要思考如何让考试的内容和结构更适应现代数学家的选拔，他满怀热情地接受了这一挑战。

🔲 回到黏度

在凯瑟琳的帮助下，麦克斯韦可以更多地进行关于气体黏度的实验。今天的人们知道，他认为黏度的变化与温度直接相关的观点是正确的，但当时的理论并不支持。作为力学模型专家，他意识到模型本身出了问题。他尝试摆脱对了解分子大小有帮助的平均自由程，改为研究气体分子相互作用力的模型。

这是一个重要的思路改变。在早期的动力学理论研究中，为了简化，麦克斯韦一直将气体中的分子视为一个个相撞的台球，它们全速冲向对方直至接触、弹开（全速离开对方）①。有了电磁学的研究经验，麦克斯韦尝试将分子间的相互作用近似表达为两个带电粒子排斥的相互作用——不同的是，分子间的加速效应启动更早，排斥作用始于分子接触之前，作用大小与分子间距离的倒数的平方成正比（距离越近，作用越大）。

同时，麦克斯韦还抛出了弛豫时间的概念，即某系统受到干扰后重新达到热动平衡所需的时间。我们可以思考在不搅拌的情况下将一滴牛奶滴入一杯茶中的情况。滴入牛奶之前，茶叶分子处于平衡状态，保持整杯茶的温度大致相同。滴入冷牛奶，系统会产生一个冷的集中点，系统受到干扰。随着时间的推移，牛奶分子会在茶叶中散开，茶/牛奶系统会渐渐稳定下来并达到一个新的、不同的平衡。系统经历这个过程的时

---

①真正的台球并非完全刚性，它们碰撞时会发生形变并产生短暂的加速度。这个过程并非瞬时完成，且会因热和声音而损失能量，但物理学模型通常会选择简化以便于数学计算。

间被称为弛豫时间①。

通过对气体黏度模型的改进，麦克斯韦有机会将观察和理论结合起来，新模型揭示了气体的黏度与温度成正比。新模型产生了与之前相似的分子速度分布，这证明了他的原始论文的准确。麦克斯韦的新构想解决了之前模型的局限性，只有当具有特定速度的分子之间没有关系时才能发挥作用。他在1866年完成了这项工作，并于1867年正式发表。

6年后，他将重新审视自己的理论，但更多的是对方法和表述方式的调整，看是否能与其他物理学家的最新发现相匹配。这段时间，他需要尽可能多地寻找分子存在的证据，以便在1873年的化学学会（Chemical Society）上提出自己的理论并说服专家自己对分子的使用是正确的。虽然当时的化学家频繁使用分子的概念，但并不认为分子真实存在（如麦克斯韦的描述）。

考虑当时的知识背景，麦克斯韦采取的方法存在局限性。虽然他坚持自己的分子分布理论，但一些方面的确与实验测量不符。这种偏差主要来源于麦克斯韦（和克劳修斯）对分子运动方式所作的假设。麦克斯韦曾研究过三维空间和三个潜在旋转轴的运动，但他认为分子是球体。今天的我们知道，任何东西都比单个原子具有更复杂的结构，能以不同的方式旋转，并能沿着组成它的原子之间的键振动。正是这个与麦克斯韦设想的偏差造成了他的计算不足——不过，以他当时所掌握的信息来看，这仍然是一个了不起的成就。

在格伦莱尔的几年，麦克斯韦取得了重大的进展，尤其是著作出版。值得强调的是，他并未将全部时间交给工作。如我们看到的，他花了大量精力修缮庄园。1867年，他和凯瑟琳前往意大利旅游以避开家里正进行着的建筑工程——对当时的英国富人来说，意大利是个时髦的旅游胜地。格伦莱尔庄园将得到一次全面的翻修改造。当然，麦克斯韦家族的旅游风格不同于一般游客——付出较少的代价游历尽可能多的国家

---

①搅拌茶水的情况略有不同，它会以涡旋的形式引入新的扰动，缩短弛豫时间。

和人文古迹——他们尝试学习意大利语，将更多的时间沉浸在当地文化中。

多年来，麦克斯韦在格伦莱尔建立了一个有效的实验室——进行气体黏度的实验——但一些技术涉及的经费超出了他的承受力。撤退至苏格兰的3年后，他重拾了伦敦时期的目标，试图改进自己对电磁波速度的计算。

酒商的电池

我们知道，麦克斯韦早于1861年在格伦莱尔的暑假就计算出了电磁波在真空中的速度约为每秒310700公里，其计算基于空间的磁导率和电导率（等效于传统波的介质的弹性和密度）。当时，这些性质的值少有人知，结果有较大的不确定性。

麦克斯韦与剑桥的电气工程师查尔斯·霍金（Charles Hockin）共同设计了一个实验，将精确度提高到远超以往的程度。实验将两块金属板上的电荷所产生的吸引力与两块极性相同的电磁铁之间的排斥力进行平衡。效应越大、测量越精确——这意味着，他们需要找到一个极高的电压源。

这个国家最强大电池的拥有者并不在物理实验室或电力公司，它掌握在一位居住在伦敦克拉珀姆地区的葡萄酒商人的手中。约翰·加西奥特（John Gassiot）花费巨资建造了一个超豪华的私人实验室，他为麦克斯韦和霍金提供了巨大的电池组，2600个电池合计能输出大约3000伏的电压。

尽管电池组释放能量的速度很快，麦克斯韦和霍金需要在电能耗尽前完成测量，但实验非常成功。更精确的磁导率和电导率的值计算出电磁波的速度为每秒288000公里。

在最初的计算中，麦克斯韦得出的速度为每秒310700公里，斐索的速度为每秒314850公里，新的结果似乎偏离目标更远了。不过，在两个月的时间里，麦克斯韦从法国实验者莱昂·福柯（Léon Foucault）①那里了解到一个最新的光速值。福柯使用了斐索设备的改进版，得出的更精确的速度为每秒298000公里②。现在，麦克斯韦的电磁波似乎更像光了。

这立即成为了他的理论的一个有力支撑。当然，麦克斯韦的许多工作的真正意义需要在很长时间后才会被人们理解，即便他的分支研究也可能意义非凡。他保留着孩童般的好奇心——即便别人眼中司空见惯的东西他也不会放过，他会寻找其特殊处并深入研究。

麦克斯韦妖 调速器

前面介绍过，当麦克斯韦在国王学院研究电阻标准时，他的同事亨利·弗莱明·詹金设计了一个调速器以保持线圈恒速旋转。见过静态蒸汽机的人对调速器不会感到陌生。早期的蒸汽机常伴随着爆炸和失控事故，多是因为人们对调速器技术的理解不够透彻所致。早在18世纪80年代，詹姆斯·瓦特（James Watt）就发明了离心调速器。这个精巧的装置在铰链杆上配有了一对③重球，当与其垂直的主轴旋转时，重球会向外飞。主轴的转动速度越快，重球围绕铰链杆转动的半径越大。铰链杆与一个阀门相连，如果重球飞离中心太远，阀门会关闭。这意味着，配有调速器的蒸汽机设备的速度有上限——超过一定速度则会自动关闭。

深入思考詹金的调速器后，麦克斯韦开始研究这种自动调节反馈机

---

①福柯最著名的发明是钟摆，它会随着地球的自转而改变摆动的方向。

②现在，光速被固定在299792458米/秒，因为米的定义是光在1/299792458秒内传播的距离。

③单个重球也能完成这项工作，但不稳定———对重球有利于平衡。

制的不同部署方式（温控器是家庭中常见的现代的反馈式调速器）。1868年，麦克斯韦写了一篇名为《论调速器》（*On Governors*）的论文，他用严谨的风格对这一过程进行了数学处理。他指出，根据他的定义，瓦特的装置不是调速器。

在论文中，麦克斯韦对"调节器"和"调速器"进行了区分，前者施加的修正会随着过快的速度而增长，后者会涉及速度的积分[①]。他在数学上证明了，类似瓦特那样的发明只能称为调节器。它虽然能提供负反馈，但无法给出平衡误差所需的精确值。

麦克斯韦在这里使用的数学方法借鉴了他在土星环上的一些工作——两者都涉及系统的稳定性。具有讽刺意味的是，他关于调速器稳定性的工作将被另一位剑桥数学家爱德华·鲁斯（Edward Routh）延展并获得亚当斯奖（由麦克斯韦检查），如同他对土星环的分析。

几十年后，麦克斯韦的这篇论文得到了美国数学家诺伯特·维纳（Norbert Wiener）的认可。他在20世纪40年代提出了控制论——在控制系统、工程和计算机科学中，带有通信和反馈模块的系统非常重要。维纳认为，麦克斯韦是自动控制之父，他为控制系统理论的发展迈出了第一步。从汽车的巡航控制到核电站的安全系统，都离不开它的身影。

四维思考

一些时候，麦克斯韦所做工作的影响甚至超出了他的设想。他在《论电学和磁学》中迈出了重要的第一步，使奥利弗·亥维赛能够提出他的方程的紧凑版本。这是因为麦克斯韦对四元数产生了兴趣，四元数是爱尔兰数学家威廉·哈密顿爵士（Sir William Hamilton）提出的一种相对晦涩的数学概念（爱尔兰数学家与麦克斯韦在爱丁堡大学时的讲师

[①]积分是数学里的重要方法，这里给出了调速器速度变化曲线下的面积——它反映调速器的位移，而不是测量的速度。

威廉·哈密顿爵士同名，但后者是同时代的苏格兰哲学家）。

到了19世纪60年代，大多数科学家接受了复数的概念。复数包含有两个维度的数值：一个复数是一个普通的数字与一个虚数的结合——如3+4i（3是复数的实部、4是虚部、i是-1的平方根）。复数也能像实数一样映射到一个二维坐标系，实数在一个轴上，虚数在另一个轴上。

复数处理具有波的形式的事物时非常有用，它既能表示特定方向上的位置，又能表示随时间变化的振幅。遗憾的是，许多物理过程并不发生在二维平面，而是三维空间。四元数提供了一种处理三维位置的值和振幅的机制——通过三个不同的虚分量来实现，如3+4i+2j+6k。

哈密顿正确地认为，四元数可能在数学上革新物理学。不过，这种方法的推进非常困难，人们采用了一种新的机制以处理在多个维度中变化的值——矢量分析。

麦克斯韦在哈密顿和实用性之间搭建了桥梁。受四元数的启发，他提出了"收敛""梯度""旋度"等术语代表不同形式的四元数运算。这些术语将被带入矢量微积分，"收敛"后来被"发散"取代并最终定义为"散度"。

我们可以从他为"旋度"一词做的努力中看到典型的麦克斯韦风格。在给彼得·泰特的信中，"旋度"只是"扭动（Twist）"的一个替代词；之后，在1871年为伦敦数学学会写的一篇论文中，他准确地将其确定为"旋度"。

麦克斯韦在信中问泰特，这个数学运算符是否可以称为"Atled"（Delta倒写）。然后，他写道：

> 我将标量部分称为矢量函数的收敛，矢量部分称为矢量函数的扭动。（这里的"Twist"和螺丝或螺旋并无关系，用"Turn"或"Version"似乎更好，因为"Twist"容易让人想起螺丝。）"旋转（Twirl）"似乎摆脱了扭动的死板，在数学家的眼中似乎更有活力。

最后，看在凯莱①的面上，我可能会说"旋度"［效仿《羊皮卷》（*Scroll*）的时尚］。

在数学学会的论文中，他决定满足数学家们的要求：

> 我不自信地提议，将这个矢量称为此原始矢量函数的旋度，它表达了矢量所承载的方向和大小。我一直在寻找这个词，它既不能用"转动（Rotation）"、"回旋（Whirl）"或"旋转（Twirl）"表达，也不能用"扭动（Twist）"表达，后者完全不具有矢量的性质。

学术生活

在格伦莱尔，除了没有孩子，他的家庭生活一如所愿。离开伦敦时，他曾说自己永远不再回到学术界。然而，也许现实生活让他感到了什么缺失——他可以和凯瑟琳讨论工作，可以和其他科学家鸿雁传书，但缺失了与相关领域专家的激烈论战，他似乎错过了更广泛的知识交流。

1868年底，苏格兰的圣安德鲁斯大学（St Andrews）②校长职位的空缺是他重回学术界的第一次诱惑。麦克斯韦在是否申请的问题上犹豫不决。10月底，他给威廉·汤姆森写信：

> 反对的理由有二，一是那里刺骨的东风，二是我的专长是研究而非管理。

---

①阿瑟·凯莱（Arthur Cayley），英国数学家，剑桥大学纯粹数学的第一个萨德勒教授。
②准确地说，这个职位是圣安德鲁斯大学圣萨尔瓦托和圣伦纳德联合学院的校长。

四天后，麦克斯韦似乎下定了决心，他写信给刘易斯·坎贝尔：

> 我认真考虑了这个问题，决定不参加。非常感谢你和其他教授①对我的关心……我想，我的正确道路并不在这个方向。

又过了四天，麦克斯韦似乎改变了决定，着急地给熟人写信，试图为这项任命争取支持，尤其是可以影响内政大臣加索恩·加索恩-哈迪（Gathorne Gathorne-Hardy）的人。11月9日，他给汤姆森写信：

> 此前，我没有去圣安德鲁斯；上周，我去了那里并参加了校长的竞选。你可否为我1856年以来一直勤奋工作作证，或者告诉我哪些科学界人士是保守派，或者利用自己的影响力支持我。在圣安德鲁斯的九位教授中，六位教授与大法官塔洛克（Tulloch）校长共同向检察大臣和内政大臣请愿支持我。剩下的三位教授，一位是候选人［谢普（Shairp）教授］，一位是反对者［贝尔（Bell）教授］，一位是中立者。

尽管获得了常任教授们的明显支持，但事与愿违。据说，这个职位要给一位"科学家"，但麦克斯韦缺乏行政管理经验，这是一个不利因素。当然，这并不意味着麦克斯韦会永远留在格伦莱尔。几年后，1871年，他收到希望他担任一个新职位的邀请。这次任命将彻底把物理学从中世纪的自然哲学概念中解放，它将在一所伟大的大学中走到时代的最前沿。圣安德鲁斯的失败让麦克斯韦摆脱了深居简出的心态，他决定走出去迎接新的挑战。

---

①当时，坎贝尔是圣安德鲁斯的希腊语教授。

8   剑桥在召唤

麦克斯韦科学生涯最后一个伟大阶段始于剑桥大学。虽然剑桥大学激发了麦克斯韦的数学灵感且成为了他的学术精神家园，但当时的它并非英国在科学方面最先进的学校。显然，校长决心改变这种状况。

卡文迪许的渊源

与当时的大多数校长不同，剑桥大学的校长热爱科学。与麦克斯韦一样，他也获得过二等优胜奖、史密斯奖，是杰出的数学家。更重要的是，这位校长是另一位剑桥大学毕业生亨利·卡文迪许（Henry Cavendish）的外甥。亨利·卡文迪许是18世纪末的顶尖科学家之一，他在英国皇家科学研究所的建立中发挥了重要作用，进行了第一个合理测量地球密度的实验，第一次计算出了牛顿的引力常数 G。

剑桥大学校长是德文郡公爵威廉·卡文迪许（William Cavendish），一个富有的人。他曾在皇家科学教育委员会任职，该委员会成立的原因是国家担心自己在科学上落后于竞争对手。卡文迪许计划向大学捐赠一大笔资金，条件是大学要建立一个物理学实验室并配备一个实验物理学教授职位。

实验物理学教授职位于1871年2月9日由参议院批准通过，规定"教授的主要职责是教授和说明热、电和磁的定律；加强大学对这方面的学术研究，致力于该领域科学技术的提高"。显然，大学需要寻找一位充满活力的世界级物理学家，他将成为第一位卡文迪许教授，还需监督尖端实验室的建设。校方首先接触了麦克斯韦的老朋友威廉·汤姆森和德国物理学家赫尔曼·冯·亥姆霍兹，他们在电磁学和热力学方面做了与麦克斯韦一样重要的工作。

然而，汤姆森并不想离开爱丁堡，他担心剑桥的实验仪器制造商提供的支持不稳定，这是实验室成功的关键。当时，亥姆霍兹正在海德堡洽谈一个位于柏林的职位，那是欧洲的数学之都。鉴于此，1871年2月中旬，麦克斯韦收到了来自三一学院爱德华·布洛尔（Edward Blore）的信：

亲爱的麦克斯韦：

我们的实验物理学教授职位已设立，虽然薪水不高（每年500英镑），但大学里普遍希望这个科学分支能得到大力发展。德文郡公爵已承担了实验室建造和实验仪器的费用，就差教授的任命了。许多有影响力的在校专家都希望你能接受该职位，希望你能带领它在这个领域占据领先地位。我确信，汤姆森爵士不会接受这个教授职位。之所以在这里强调，是担心你不愿和他竞争而放弃该职位。

麦克斯韦知道了自己不是第一人选，立即回复布洛尔：

虽然我对实验物理学教授职位很感兴趣，但我并没有立即申请的打算，现在也没有，除非我发现自己可以通过它做一些有益之事。

接着，他回信详细了解了这个工作的细节——职责、谁任命、任期、一学年几个学期……三天后，剑桥大学卢卡斯教授乔治·斯托克斯（George Stokes）将详细内容发给了麦克斯韦。收到斯托克斯的信不到一周，麦克斯韦作出了参加竞选的决定。

1871年3月8日，麦克斯韦赢得了该教授职位。或者，更准确地说，他获得了任命。教授职位原则上由大学的教务委员会掌握。严格地说，委员会包括大学所有持有硕士或以上学位的人，再加上副校长等重要官员，但实际上应该只包括了当时的常驻成员。在大约300名成员中，只有13人参加了投票——这并不意外，因为只有一个候选人。这个决定显然来自幕后，基于与关键人物的接触。

剑桥大学幸运地选择了麦克斯韦。两个竞争对手因缺乏管理经验未能进入候选，麦克斯韦的庄园管理经验有益于实验室的建设且他在物理学方面非常出色——即便麦克斯韦在给布洛尔的信中指出，汤姆森有管理大学实验室的实际经验，自己没有。1871年3月，麦克斯韦对英国的几个物理实验室进行了考察，取众家之长组建自己的新实验室。

麦克斯韦妖 与众不同的教授

为什么詹姆斯·克拉克·麦克斯韦能得到这个职位？他如何看待自己的角色？他的想法如何被他在伦敦的经历所影响？思考这些问题，会非常有趣。乍一看，这位理论大师似乎并非实验物理学教授的理想人选，但麦克斯韦的确具备实验者的能力。他在伦敦和格伦莱尔的家中组建了实验室，且非常努力。离开伦敦国王学院后，他仍然与剑桥大学保持着密切的联系，并在1866年、1867年帮助剑桥大学完成了数学考试制度的改革。

在约翰·斯特拉特（雷利勋爵）给麦克斯韦的信中，可以看出他的才能对剑桥的重要。雷利在麦克斯韦去世后接替他成为了卡文迪许教授。在科学上，雷利发现了氩元素并解释了天空为什么是蓝色的。雷利写道：

　　　上周五，我来到这里（剑桥），每个人都在谈论新的教授职位，并希望你能来……这里没有人适合这个职位。大多数略知一二的人与其说需要一个讲师，不如说需要一个有实验经验的数学家，他能将年轻的研究员和学士们引向一条正确的道路。

1871年，麦克斯韦在剑桥大学的就职演讲中说："如果科学的发展进程可以自由且充分地讨论，那么科学批评学派就将形成。科学方法的发展很重要，如此，这个新的实验室将无愧于大学。"对麦克斯韦来说，在牛顿时代之前的大学里占主导地位的古希腊哲学方法以及推动工业革命的纯机械实验方法都不是最终的前进方向。

在对物理学未来的展望中，麦克斯韦看到了实验和理论发展之间紧密的、共生的伙伴关系——两者不宜孤立地运行。麦克斯韦在国王学院时期就发展出了这一观点。虽然麦克斯韦不反对实用的应用科学，但他认为摆脱工业驱动并获得解决基础问题的能力同样重要。

麦克斯韦非常清楚，剑桥大学的教学大纲必须修改。在前往剑桥任职前，他就参与了数学荣誉学位考试的革新工作，扩充了考试范围，加入了更多的现代物理学方面的考点，如电、磁和热。同时，他编写了重要的教科书《电磁通论》，充实现代物理学内容。现在，他有机会大展拳脚了，广泛地推进现代物理学进程——尽管仍然只限于在数学荣誉学位考试中加入现代物理学元素。

与大学实验室的其他支持者一起，他们的方法是先锋性地将实验物理从简单的观察转变为精确的测量，以此为理论寻找支撑。麦克斯韦在他的就职演讲中指出，"在缺乏理论延伸的情况下，即便进行大量的准确测量也仍然具有局限性"。

现代实验的特点——主要由测量完成——很显著，以至于国外似乎有了这样的声音：未来的几年，几乎所有的著名的物理常数都将得到近似的估算；届时，科学家的唯一任务只是将这些测量结果精确到下一位小数①。

如果这是我们正在接近的状态，我们的实验室也许会因勤勉工作而闻名。如果真是这样，它与大学格格不入，它似乎更像我们国家的伟大车间。

接着，麦克斯韦继续表明他对未来的信心："当然，我们不能否认技术的进步，不能否认带来进步的大脑。"他指出，"即便进步主要停留在小数点，科学也在为征服新的领域准备材料；但如果进步只满足于早期先驱者的粗糙方法，在新的领域，科学的未来将处于未知"。

麦克斯韦之所以会接受这个挑战，放弃自己喜欢的格伦莱尔生活，是因为剑桥为他提供了诱人的变革物理学的机会。麦克斯韦知道，没有哪所大学比剑桥大学更适合做这件事。麦克斯韦到剑桥大学后，剑桥大学的实力不断增强并逐渐成为物理学方面的世界顶尖大学之一。

图9　1890年的麦克斯韦版画，取自19世纪70年代弗格斯（Fergus）拍摄的照片

①1874年，物理学家菲利普·冯·乔利（Phillip von Jolly）鼓励学生马克斯·普朗克学音乐，他认为物理学只剩下小数点后位数的研究（更精确的测量）。20世纪初，普朗克和爱因斯坦用量子理论和相对论有力地回击了这个想法。

🀄 最后的第二家园

1871年春，麦克斯韦夫妇在剑桥建立了第二家园（尽管乔治·斯托克斯写了一封令人不快的信，"在剑桥找房子颇为困难，房源供不应求"）。与曾经伦敦的住所相比，这里的整体规模与气势稍弱一些，它是一栋漂亮的三层联排别墅。麦克斯韦的余生将在这里度过，夫妇俩在这里享受大学时间和寒假，只有暑假返回格伦莱尔。

最初，实验物理学教授这个新职位并不适合于剑桥大学复杂的结构。当时，大学里的各个学院都有独立的权力，大多数的教学任务由学院讲师和私人导师负责。大学教授职位通常由各个捐赠机构设立，不同机构有自己独立的规则；不过，实际情况通常与规则有偏离——例如，卢卡斯数学教授职位始终倾向于理论物理学，从最初的牛顿到最近的霍金。

在麦克斯韦任职时，一些学院已经有了物理学讲师，他发现自己在一定程度上处于竞争中。还有一个负面因素，学生参加自己学院以外的讲座需要支付额外的费用。当然，随着时间的推移，这个系统会改进，学院和大学逐渐融合——最终，大学的教授和讲师主要负责讲座，学院提供辅助。但在麦克斯韦的时代，尚在过渡期，这为他适应当时复杂结构的大学增加了难度。

现实中，虽然大学认识到像麦克斯韦这样的人不应承担过重的讲课任务，应承担更多的研究和管理工作，但大学里落后的管理团队并未轻易批准麦克斯韦希望获得一个助理讲师的申请。在实验大楼初建期，麦克斯韦就推荐了约翰·亨特（John Hunter）担任这一职务，但并未得到校方的重视。

这也许是好事，因为亨特的健康状况不佳（一年后去世）。不过，就学术背景考虑，他是个不错的备选，他曾与汤姆森和泰特一起工作，曾在新斯科舍省的温莎大学国王学院担任过自己的教授职位。但麦克斯韦推荐亨特似乎并非因为自己对亨特能力的熟悉。他曾写信给彼得·泰特，因为泰特更了解亨特：

> 我只知道亨特是个指控木炭导致臭气熏天的人[1]。他能成为剑桥大学的优秀助理讲师吗？我认为，一个能用木棍焦味挡住鱼腥味的人，不会为击倒妖而感到困惑[2]。我想，这是最重要的部分。

最终，第一个助理讲师在1874年被任命，剑桥大学应届毕业生威廉·加内特，他后来与刘易斯·坎贝尔联合撰写了麦克斯韦的传记。

将物理学从其他学科中剥离出来以构建一门独立的学科在当时是一件难事。物理学的主要部分被放进了数学荣誉学位考试（Mathematical Tripos），其他部分放进了自然科学荣誉学位考试（Natural Sciences Tripos），后者包括化学、矿物学、地质学、植物学和动物学。最终，物理学成为了自然科学中的一门独立学科，将化学中涉及热和电的部分（以及后来的原子结构、分子结构）纳入其中，并增加了许多曾属于数学的领域（如运动学、天文学）。

即使今天，剑桥大学的学科划分也不完全清晰。实验物理学牢牢地坐在自然科学一边，应用数学和理论物理则同属自然科学和数学。

数学荣誉学位考试具有较大的影响力，高级优胜者被誉为英雄，学校和家乡会举行游行庆祝他们获得的成就。这意味着，优秀的人才更愿投身数学领域，而非自然科学领域（麦克斯韦刚到剑桥时，学校只有数学和古典学有荣誉学位，没有自然科学）。麦克斯韦时代的自然科学毕业生乔治·贝塔尼（George Bettany）于1874年在《自然》杂志上写道：

> 目前，制约卡文迪许实验室取得成功的最大障碍是数学荣誉学

---

[1]这是麦克斯韦惯用的幽默，亨特曾研究过蒸汽的吸收。
[2]麦克斯韦谈到妖时，似乎总有些残忍。

位考试制度。如果人们希望在数学荣誉学位考试中获得较好的名次，似乎不得不避免从事实验工作，包括实验室的潜在工作者①。很少有人有勇气毁掉自己的地位，或者放弃自己的希望，将宝贵的时间分一部分给实验工作。

事实证明，需要50年的时间才能完全解决这个分歧和困难，数学和自然科学的相对重要性将得到重新平衡——即使麦克斯韦、J.J.汤姆森（J.J.Thomson）②（麦克斯韦的继承人之一）以及其他人的共同努力大大提高了实验物理学的声誉。

对物理实验室的认可是当时大学的部分妥协——因为大学认为，智力是神圣的，实验似乎在检视智力，在一定程度上发起了对智力的挑战。与麦克斯韦同时代的剑桥大学数学家艾萨克·托德亨特（Isaac Todhunter）如此评价：

> 不相信导师——可能是一位知识丰富、能力出众、品格端正的神职人员——的陈述而表现出的怀疑是非理性的。

在麦克斯韦被任命时，爱丁堡、格拉斯哥、伦敦、曼彻斯特和牛津都有物理实验室，但只有格拉斯哥（威廉·汤姆森领导）和牛津［克利夫顿（Clifton）教授领导］有专业的实验室建筑，麦克斯韦没有浪费参观的时间。

---

①仍然只有人，没有妖。
②与威廉·汤姆森没有关系。

古老灯光与现代物理学

坦率地说，卡文迪许实验室的选址并不理想[①]。多年来，位于剑桥中心的植物园遗址已逐渐被自然科学的其他学科占据，形成了现在所谓的博物馆新址（New Museums Site）。这里虽然是麦克斯韦实验室的合理位置，但剩余的可用空间已非常有限。新的实验室建在狭窄的自由学校巷（Free School Lane）。巷子对面的基督圣体学院（Corpus Christi College）以失去了古老的灯光（阳光）为由向大学起诉，但未能成功。

麦克斯韦聘请了一位默默无闻的建筑师威廉·福塞特（William Fawcett），他的主要经验来自于教堂建筑。不过，麦克斯韦似乎成功抑制了福塞特对哥特式装饰的热情，建筑师的奇思妙想被限制在了正门的装饰上，门上饰有卡文迪许盾徽、公爵雕像和圣经铭文。

尽管有场地的限制，但事实证明麦克斯韦对德文郡大楼（实验室最初的名字）的设计非常成功。麦克斯韦上任3年，实验物理学的工作得以稳步推进，实验讲座于1872年10月在大楼完成建设前正式开始。1872年10月19日，麦克斯韦写信给刘易斯·坎贝尔：

> 实验室即将完工，但无处安放椅子，讲座将于24日开始。我只能像布谷鸟一样到处走动，在第一学期的化学讲座上证明我的观点，在植物学讲座和比较解剖学讲座上阐明自己的观点。

从1871年3月20日的一封写给凯瑟琳的信中，可以一窥麦克斯韦的思想，他指出：

[①]20世纪70年代初，剑桥大学在学校西部宽阔的空地上建设了新卡文迪许实验室，旧楼继续使用。今天，旧楼的部分建筑已计划拆除，但麦克斯韦建筑的核心区域有望保留并作为游客中心开放。

　　我有一个分层计划——为大众提供科普讲座和简单的实验；为学生提供真正的实验；为特罗特（Trotter）、斯图亚特（Stuart）和斯特拉特等一流人物提供耗时的精确实验。

　　次日，麦克斯韦写信给英国为数不多的有实验室的物理学教授威廉·汤姆森，征求他对"设备适配"要求的意见。麦克斯韦向汤姆森提供了一份自己准备的卡文迪许实验室设施的清单：

　　　　理所当然要有讲堂。
　　　　收纳仪器的地方。
　　　　大房间里有供实验初学者使用的桌子，铺设煤气和水管。
　　　　一个较小的地方或场所，供高级实验人员在需要站立数日或数周的实验中工作。
　　　　一楼要有一块地基坚实的地方，有利于放置需要稳定的东西。
　　　　一个通风良好的地方，放置格罗夫斯电池或本生电池。
　　　　一个放置在砖石上的安静的大时钟，用电线将它与用于其他科学实验的时钟连接，包括记录电火花的机器。
　　　　一个结构良好的烤箱，可对大物品加热并达到均匀的温度。
　　　　一台燃气发动机（如果可以得到它），用于设备驱动。如果没有，建议用训练良好的大学赛艇队队员接力运动以替代。①

　　为了"科普讲座"，麦克斯韦将建造一个拥有180个座位的剧场，为学生们建造一个拥有10个工作台的教学实验室……为一流的人建造一些较小的房间以开展独立的实验，以避免本科学生的干扰。麦克斯韦在细节的设计上引领该领域。例如，实验室的工作台与地面间设有隔垫，降

————————————

　　①麦克斯韦惯用的幽默。

低振动给实验带来的影响；金属管道永远可见，做电磁实验的人可以准确地避开它们，一个整栋大楼都可以使用的真空系统；墙上每隔一段距离就会砌上铸铁空心砖以支撑仪器；天花板的托梁必须坚固，利于支撑物的固定；设有特别宽大的外窗台，用以安放定日镜，追踪太阳并使明亮的光线源源不断地流入该装置。

麦克斯韦提出让严肃科学家拥有独立实验室的建议与三一学院物理学讲师库茨·特罗特（Coutts Trotter）的想法如出一辙，后者在1871年4月写信给麦克斯韦：

> 毫无疑问，希望房间变暗的人和希望房间变亮的人，希望摆弄磁铁的人和希望观察电流计的人，他们的矛盾突出且严重。

麦克斯韦按照实验所需设置大小不同的独立的房间，排除实验干扰。当时，这并非实验室的主流导向。

缓慢的开始

1874年6月，卡文迪许实验室正式启用，剑桥大学逐渐成为了英国物理学研究的主流。之后的100年，从原子的分裂到DNA结构的发现，许多重大的科学推进都出自于麦克斯韦建立的实验室。

不过，说麦克斯韦领导的卡文迪许在一夜之间从一无所有走向了繁荣是不公正的——当时，很多人怀疑麦克斯韦的能力。1873年，《自然》杂志的一篇文章表达了当时科学界对卡文迪许的态度：

> 比如，将剑桥大学与任何一所德国大学进行比较，或者与法国

大学的一些省级分校进行比较①。一种声音，你会发现很多东西不具有科学性，那不是一个适合研究的实验室；另一种声音，你会发现科学在大学教学中占据了恰当的位置，75%的实验者在适合的实验室工作且因他们的作品而闻名。

麦克斯韦为卡文迪许未来的成功奠定了基础，但实验经费在他的任职期间一直很紧张。例如，他无法负担一名全职技术员的基本收入——1877年，罗伯特·富尔彻（Robert Fulcher）被指派到实验室工作，但麦克斯韦很快发现富尔彻将自己的大部分时间献给了其他部门。

初期，教学缺乏完整的体系——虽有讲座和课程，但不属于自然科学本科学位中规定的实验物理学内容。鉴于此，麦克斯韦每年开设一门讲座，第一学期（米迦勒学期）讲授热和物质，第二学期（春秋学期）讲授电学，第三学期（复活节学期）讲授电磁学。后期的授课内容以他的《电学初论》为基础，该书后来成为了人们广泛使用的教科书。

尽管这个大型实验室是为了教学目的而建造，但它的主要用途是让可用的人（本科生或非本科生）助力资深物理学家在枯燥的研究中作出突破。例如，当时的麦克斯韦正在尝试电学单位标准化工作。直到1879年，本科生人数上升至30人，麦克斯韦才开展了定期的物理学实践实验课。

此外，当时也缺乏好的机制以支持实验室的研究生。欲获得基于科学课题的大学奖学金是困难的，即便获得了奖学金也很少能持续较长的时间（如麦克斯韦在三一学院获得奖学金的情况，尽管他被视为数学家）。通常，研究生被认为是通往更重要职位的跳板，它只能由未婚男子担任，担任时长超7年以上的人必须得到英格兰教会的任命。

在麦克斯韦时代之后，研究生开始变得普遍，他们大多拥有更受人尊敬的数学学位。与拥有自然科学学位的人相比，他们更容易获得带奖

①考虑到当时英国人对法国的反感，这句话非常有讽刺意味。

166

学金的职位。当时，整个体系都偏向数学方向。事实上，实验物理学家比数学家的寂寞工作更需要资金支持，但当时的大学奖学金主要颁发给那些在数学荣誉学位考试中写出优秀论文的人，且必须是个人作品。几十年后，剑桥大学的教学系统才完全认可为通过自然科学荣誉学位考试的研究生和博士后提供帮助。

麦克斯韦妖 实验室中的女性

尽管麦克斯韦支持凯瑟琳在家中帮助自己工作，但他不能脱离自己的时代，初期的他曾对允许女学生进入实验室表达疑惑。1869年，剑桥大学在偏远的希钦（Hitchin）建立了第一所女子学院——格顿学院（Girton）。学院于1873年正式开学，但最初的学生并不是剑桥大学的成员。当时的大学对待女性的方式可以从数学荣誉学位考试的优胜者名单中看出。

我们知道，高级优胜者的名次在英国全国范围内影响甚大，但该名次不能授予女性。1882年，数学荣誉学位考试名单中首次出现了女性，但她们并未被授予优胜者名次，仅被归入了附件，如"介于第9和第10名优胜者之间"。1890年，菲利帕·福塞特（Philippa Fawcett，数学领域的首批女讲师之一）被列为"高级优胜者之上"——事实上，她完全有资格获得这一令人羡慕的名次，但却不能如愿①。

有几年，麦克斯韦不允许女性使用卡文迪许实验室。大约在1874年，他写了两首诗②，题为《给妇女讲授物理学》——第一首与女性科学参与者相关，第二首与女讲师相关。第一首诗向我们介绍了一个有女性成员的课堂，课堂位于一个有深色窗帘的小凹室中。这门实践课上的

①《每日电讯报》指出："现在，最后的战壕已被亚马逊女战士攻克，学术堡垒在纽纳姆学院和格顿学院的优等生面前完全敞开，再无女生不擅长的领域。"

②第二首诗写于1874年，第一首不能完全确定。

女性正在完成汤姆森镜式电流计读数，麦克斯韦将读数不准确的担忧与当时一些诗歌对女性的经典描述进行了对照：

> 哦，亲爱的！你未能读准天平，
> 误差降低到十分之一，
> 为了镜中的天堂，眼睛被赐予，
> 不是为了精确的测量。

19世纪70年代中后期，麦克斯韦渐渐接受了女性进入实验室的观点，但仍然勉强。他的助手加内特指出：

> 最后，麦克斯韦允许女性在长假①期间进入实验室，当时他在苏格兰。我打算给他们开放一个班级的实验室，用几周的时间结束一门完整的电学测量课程。

第一个真正的实验物理学女班始于1878年。直到麦克斯韦的继任者雷利勋爵上任，女性才被录取到自然科学物理学主课中。

总的来说，麦克斯韦为提高剑桥物理学的地位做了大量工作，且与卡文迪许实验室缔结了亲密关系。麦克斯韦确保了卡文迪许实验物理学教授一职的传承（也许，它最初是一次性职位）。该职位延续至今，共有8位继任者，包括物理学界的"巨擘"J.J.汤姆森、欧内斯特·卢瑟福（Ernest Rutherford）和威廉·布拉格（William Bragg）等。今天，它由碳半导体专家理查德·弗雷德（Richard Friend）担任。

---

①特指剑桥大学的暑假。长假期间，自然科学二、三年级的教学仍然进行。

妖之插曲Ⅶ　妖的记忆受到了威胁

JCM 改变了剑桥的物理学——他给物理学和人们的日常生活带去了改变。在他之前，物理学是一门业余学科，数学在其中的作用非常有限；在他之后，职业物理学家成了一个重要的职位，数学对其发展至关重要。

我不确定没有 JCM 的世界会怎样，但那个世界里一定没有我。至少，关于电学和磁学的研究会被严重推迟。JCM 的工作是相对论和量子论发展的必要条件，搭建了 20 世纪科技发展的主体框架。

如果没有 JCM 的触动，爱因斯坦可能会泯然众人，量子物理学的发展也会困难重重，它太依赖于数学。即便如此，由于某些原因，JCM 似乎并未引起太多公众的关注。也许，现实中，78% 的读者在翻开本书之前从未听说过他①。

斯麦韦克 妖克 遗忘，不是一件容易的事

JCM 在历史上的地位已经确立，我呢？

你也许还记得，利奥·西拉德的建议给我带来了一定程度的打击，他认为我必须使用能量（增加熵）才能进行测量并存储信息。然而，随

---

①因为我是妖，所以我能编造统计数字（78%）。事实上，这个数字我并不能确定，但与牛顿、法拉第、爱因斯坦，甚至薛定谔和海森堡（尽管多数年轻人会认为他只是《绝命毒师》中的一个角色）等人相比，麦克斯韦在公众知名度方面也许稍次。

着信息理论的发展，人们发现存储信息与数据计算可以在不消耗能量的情况下进行。我似乎因束缚而获得了自由——我可以完成我的创造者为我设计的工作，而不需要消耗能量和增加熵。

不幸的是，通往自由之路并不顺利。物理学家罗夫·兰道尔（Rolf Landauer）发起了攻击，他作出了反直觉的发现。虽然存储信息与数据计算不需要能量，但擦除信息需要投入系统的能量恰好等于西拉德的计算，抵消了熵减的问题。记住，如果你能将能量输入系统，熵减将成为可能——例如，为了产生本书中的低熵字母排列，而不是一组混乱排列的字母，作者不得不消耗能量以实现它。与此相似，冰箱实现熵减是因为外部电源向系统输入了能量，将热从暖的地方（冰箱内）转移到冷的地方（冰箱外）。

因此，西拉德似乎并未完全错误，他只是将能量需求分配弄错了——分配给了测量和存储信息，而不是遗忘。擦除信息需要能量的实际理由很复杂，它依赖于可逆性概念。如果一个过程可以不加区别地向前或向后运行，则被称为可逆过程，不会出现熵增。如果不能在无能量摄入或输出的情况下实现逆转，则会出现熵增。

如果将妖大脑中发生的事情类比为一个简单的求和计算，那么在和给定的情况下该过程是可逆的，如2+5=7。如果我知道涉及什么运算，只要给定其中的任意两个数字，就能知道第三个数字。但如果我同时抹去构成计算式左边的两个数字（只剩下7），则回不到2和5。不是和运算这个动作使其不可逆，导致了熵增，而是和被遗忘这个动作。

这些信息论的东西与我和分子有什么关系？兰道尔的追随者认为，无论我记忆的存储容量有多大，最终必然会因处理数十亿个气体分子而填满，必须抹去旧的存储才能进行新的存储——最终，我产生的好处将被自己完全抵消。

2017年，研究人员发表了一篇题为《观察量子麦克斯韦妖的工作状态》的论文，论文声称洞悉了我的思想。事实上，他们的"妖"明显不入流，其形式是一个容纳微波的超导腔。它与一个可以发出或吸收光子的小超导电路发生相互作用。妖控制着这个系统，确保光只能从系统中排出，而不是吸收，从而将能量向一个方向转移。

据称，研究小组利用了一种叫做量子断层扫描的东西探测妖的记忆，它能利用系统的多次运行以建立记忆中发生的情况。他们提出，为了工作，妖必须保留有关系统状态的信息，这似乎证明了"我只有在不消除记忆的前提下才能改变第二定律"。

对一些人来说，消除记忆似乎意味着我的故事的终结。然而，他们把事情想得太简单，我会在后文中详细阐述。现在，我们先回到剑桥的JCM那里，他将担任卡文迪许教授的新角色。

9 最后的作品

麦克斯韦认为科学具有开放性，因此，他没有在任期内为卡文迪许的人员提供足够的指导、建立有效的人员配置，这一失误后来必须纠正。他的选择也许是受到了时代的影响，也许是受到了过于强烈的研究人员自主权理念的影响。1910年，曼彻斯特的物理学家阿瑟·舒斯特（Arthur Schuster）为卡文迪许实验室撰写文献时引用了麦克斯韦的原话："我从不试图阻止任何人的任何实验。他也许未能找到自己想要的，但说不准会发现些别的什么。"

书和光的力量

麦克斯韦在剑桥期间将大量时间用于写作。这段时间，他出版了《论热能》《电磁通论》，获得了读者的广泛关注。《论热能》引起了社会上的广泛评论，甚至《铁匠》（*The Ironmonger*）也发表了评论，"理论语言简单，结论引人注目"。客观地说，这也许与其低调的副标题相关，《供工匠和学生在公立学校和科学学校使用》。《电磁通论》是麦克斯韦的杰作，直至20世纪仍被用作教科书。

初到剑桥的第一年，由于搬家与实验室的初建，内容多达1000页的《电磁通论》的撰写时断时续。1873年，这部电磁学巨著终于问世，与此同时，实验大楼的部分建筑开始投入使用。

一如既往，麦克斯韦并不乐意自己的作品原地踏步，他坚持寻找新思想，寻找需要填补的空白，修订不准确的地方。渐渐地，他意识到自己对电磁波性质的预言会产生一个奇怪的结果。电磁波不仅与光有着清晰的对应，它们似乎还可以做一些匪夷所思的事情——对物质施加压力（当时，没人认为光能做到）。如果他的理论是正确的，那么，一束无形的光将能推动一个固体。

这似乎是个疯狂的想法。根据人们对光的历史认知，它对物理物体施加的影响不足以使其移动。然而，麦克斯韦计算出，电磁波与其照亮的物质之间的相互作用可以产生一种较小的力。存在一种物理现象可能印证这种效应，麦克斯韦曾经对彗尾总是指向远离太阳的方向进行的思考。光可以产生压力是此现象的一种合理解释。麦克斯韦给这一假说提供了理论支持，他表明，"物体吸收光后，光的能量会使物体动量增加"。

麦克斯韦认为，我们之所以尚未看到这种情况的发生，是因为它的影响太小。他以光源太阳为例进行了计算，太阳光可以在1公顷的面积上产生7克的等效压力。麦克斯韦终生未能看到自己预测的实验证明。在其理论发表的25年后，俄国物理学家彼得·列别捷夫（Pyotr Lebedev）首次证明了这种"辐射压"。

辐射压可以部分解释彗尾现象（实际上，这种效应主要源于"太阳风"，来自太阳的粒子流）。同时，它还被认为有利于驱动宇宙飞船航行，用巨大的帆捕捉来自太阳或激光电池的光。最重要的是，它有利于人们理解恒星的内部活动。没有它，太阳会遇到麻烦。恒星中的物质会受到引力产生的巨大内压力，恒星内部大量光子会产生向外的辐射压，构成阻止恒星坍缩的第一道防线。

《电磁通论》不仅是麦克斯韦的代表作，也是他的最后一部重要著作。他在《自然》杂志上发表了一篇短文，完善了路德维希·玻尔兹曼（Ludwig Boltzmann）对气体动力学理论的处理（玻尔兹曼和麦克斯韦被公认为该理论的共同创始人）。

在接下来的几年，他的大部分精力放在了建立和管理卡文迪许实验室上。他的业余时间也几乎献给了工作，一些人认为这是出于责任——实际上，他很可能在关注一个他感兴趣的课题。

卡文迪许的论文

前面介绍过，资助卡文迪许实验室的德文郡公爵的舅舅亨利·卡文迪许是一位重要的科学家。大约从1873年开始，麦克斯韦将主要精力用于卡文迪许的论文编纂，也许是为了感谢公爵的资助，也许是为了解开亨利·卡文迪许的研究细节——亨利·卡文迪许做了大量不为人知的原创性工作，麦克斯韦认为这些工作应该让更多的物理学家知道。

卡文迪许因测量地球的密度和氢的发现被人们熟知①，前者使人们第一次计算出了牛顿的引力常数G。但在麦克斯韦眼中，卡文迪许在电学领域的研究很有价值——始于1771年，卡文迪许进行了10年的研究。卡文迪许在法国物理学家查尔斯-奥古斯丁·德·库仑（Charles-Augustin de Coulomb）之前就证明了电斥力的平方反比定律。然而，库仑被公认为该定律的发现者，因为卡文迪许从未将自己的工作发表。

一些人认为，麦克斯韦在卡文迪许的论文上耗费的时间太多。然而，并无证据表明，麦克斯韦是迫于大学或德文郡公爵的压力作出的选择，且他并不知道自己将不久于人世。与此相反，麦克斯韦在参与剑桥大学工作的两年前，就表现出了对卡文迪许论文的兴趣。他不仅编辑了在公爵的帮助下收集到的卡文迪许论文，还从威廉·海德·沃拉斯顿（William Hyde Wollaston）的藏品中寻找卡文迪许的早期仪器，重复了一些曾经的实验。

卡文迪许的一些实验结果为麦克斯韦的电磁学研究带来了帮助。麦克斯韦评论说："如果这些实验被作者即时发表，电磁测量科学将更早

---

①亨利·卡文迪许是一个古怪的人。卡文迪许非常腼腆，不愿与多人同时谈话，与女仆交流只用纸条。为此，他作了复杂的安排以确保自己能在与工作人员接触最少的情况下进餐。

地得到发展。"卡文迪许的论文既个性也幽默，这深深吸引着麦克斯韦[1]。卡文迪许用自己身体的疼痛反应测试静电能量强度的方法令麦克斯韦着迷，他试图说服身边的人自愿尝试这种技术。

阿瑟·舒斯特回忆：

> ……一位年轻的美国天文学家用严厉的措辞表达了自己的失望。他特意前往剑桥，希望结识麦克斯韦并获得一些关于天体物理学方面的提示，但后者只愿谈论卡文迪许并迫使其脱掉外套将手浸入水盆中忍受一系列电击的感觉。

麦克斯韦版的卡文迪许论文《亨利·卡文迪许的电学研究》于1879年10月出版，在他去世前不久。

心血来潮

尽管麦克斯韦的多数时间用在了他更知名的领域，但也偶尔会有其他关注。1874年，他给老朋友刘易斯·坎贝尔写了一封信，谈到了今天人们口中的遗传学，而基因的概念很久之后才会广为人知[2]。

麦克斯韦希望否定一个概念，基于当时的人们的认知，他的论点并非全无道理。他写道：

> 如果原子的数量有限且一个原子有一定的重量，那么一个人的

---

[1] 幽默感伴随麦克斯韦一生。幽默感经常体现于他的信中，表现为明显的异想天开。例如，他倾向于称自己是 "dp/dt"，因为彼得·泰特的书中出现了一个等式 "dp/dt=JCM"，"JCM" 是他姓名的首字母。

[2] "基因" 一词直到1909年才被提出。事实上，这个遗传单位最早在格雷戈尔·孟德尔（Gregor Mendel）的1866年发表的文章中出现，麦克斯韦去世后才广为人知。

受精卵不可能包含……遗传所需的全部泛子（gemmules）[1]。人通过泛子区别于其他动物和人——他父亲的脾气、他母亲的记忆力、他祖父擤鼻涕的方式、他的树栖祖先手臂上的毛发排列方式……如果我们确信受精卵中的分子数量不会超过几百万个，每个分子皆由如碳、氧、氮、氢分子的相同组分组成，则没有余地容纳纯物理原理上的泛生（pangenesis）所需的那些结构。

事实证明，麦克斯韦错了，他将太多的东西归结于遗传学，低估了生物可用分子的数量以及生殖细胞储存信息的容量。当然，他提出这些想法的时间远在DNA及基因的重要性被人们揭示之前，这表明了他广泛的兴趣和深远的思考。

麦克斯韦很喜欢克鲁克斯辐射计（Crookes radiometer），这是一个令人着迷的装置，问世于1874年。英国科学家威廉·克鲁克斯（William Crookes）比麦克斯韦小一岁，他在真空管的电效应方面进行了重点研究。真空管是热离子真空管的前身，是第一批电子设备。

克鲁克斯辐射计外形颇似灯泡。它是一个密封的玻璃室，大部分空气被抽走，没有灯丝，有4个桨叶水平悬挂在中央的转轴上，桨叶能自由旋转。桨叶一面为白色/银色，一面为黑色；桨叶暴露在光线下且能高速旋转。乍一看，这似乎证明了麦克斯韦辐射压的想法，但辐射计的旋转方向似乎不对（麦克斯韦还意识到，辐射对桨叶的压力不足以使它们旋转）。

如果旋转的桨叶由辐射推动，一些人认为，白色/银色的一面会率先向远离光线的方向运动，因为它们对光的反射强于黑色的一面。然而，事实恰恰相反，这给科学界带去了等量的困惑和喜悦。

麦克斯韦前来解围，他从朋友彼得·泰特那里获得了一些实用的信息。泰特和他的同事詹姆斯·杜瓦（真空瓶的发明者，低压研究领域的

---

①达尔文对遗传单位的称呼。

专家）一起发现，辐射计的工作取决于灯泡中残留的空气量。没有一个实验能做到完美真空，总有一些气体分子残留。空气太多或太少，辐射计都不会工作。

麦克斯韦意识到这一机制似乎与气体动力学理论相关。他似乎将自己置身于妖的心境，在靠近桨叶的地方看到了气体分子发挥的作用。当光线照射到桨叶，黑色的一面会吸收更多的光线并产生更多的热量。他认为，这会加速桨叶附近的气体分子的运动，桨叶周围气体的加速对流促使桨叶旋转。

尽管有了不少的理论支撑，但麦克斯韦的第一次尝试并未成功，辐射计的计算结果令他失望。实际情况似乎更简单，较暖的黑色桨叶面能获得比较冷的白色桨叶面更高的能量，撞击更频繁。这意味着，黑色桨叶面受到的轰击动量大于白色桨叶面，故而开始了远离压力的运动。

虽然麦克斯韦提出的对流并非辐射计背后的驱动力，但他的努力仍然有价值。在为皇家学会撰写工作报告时，他将数学分析概括为一个方程，描述了气体在稀薄状态下的存在形式，对人们之后研究高层大气帮助颇丰。

戛然而止

与辐射计相关的论文是麦克斯韦对科学的最后贡献。1877年初，他的消化系统开始出现问题，烧心、吞咽困难且越来越糟糕。他的不适感愈发严重，医生让他戒掉肉食，改以牛奶为主。

1879年夏，詹姆斯·克拉克·麦克斯韦被诊断患有腹腔癌。1879年11月5日，他去世于剑桥，年仅48岁，与母亲去世时同岁。

麦克斯韦的葬礼分成两部分。第一部分在剑桥的三一学院小教堂举行，许多学术同行和朋友参加。之后，他的棺椁运回格伦莱尔，葬礼的第二部分在帕顿教堂举行并安葬于教堂墓地。

妖之插曲Ⅷ　妖苟延残喘

随着JCM的去世，人们会自然地认为他和我都结束了。你们也许还记得，一些人认为我不能再继续工作了，因为擦除信息需要能量。因此，包括我在内的整个系统中的熵不会减少。一些人进行了复杂的论证，试图找出一种使擦除过程可逆的方法，尽管许多人认为这是作弊——它需要将信息转存到外部，外部存储本身也是有限的。

麦克斯韦妖 漏洞的现实

人们认为，我的命运已经注定。事实上，一个漏洞存在至今。我要抹去一些记忆是事实，但我能在任何实验中执行自己的任务也是事实。一个实验也许会出现亿万个分子，但我可以拥有同等数量的存储空间且在不产生任何擦除的情况下执行任务。诚然，我没有足够的记忆空间处理无限数量的实验，但我会在存储空间耗尽之前最大限度降低熵——并非所有时间的所有分子都需要处理。

根据热力学原理，那些希望将我处理掉的人认为这不是一个可接受的论点。根据一般经验，这涉及了循环过程。在循环过程中，各组分一定会回归它们的初始状态。结合这个论点，我对一个分子进行操作之后会回到操作之前的相同状态——不允许我有记忆。显然，这是一个愚蠢的想法。首先，没有记忆，我无法完成工作；其次，分子被不可逆地从盒子的一边移动至另一边，这并非循环过程。他们的想法似乎更多地来自教条，而非物理学。

更重要的是，一些物理学家提出了一个被他们称为混合的概念，实现了擦除的不可逆性且不影响系统的熵。引用迈尔·埃莫（Meir Hemmo）和奥利·申克（Orly Shenker）提出的一个例子：

> 根据力学原理，不需要宇宙在擦除前后存在熵的变化。在任意情况下，我们对擦除的分析都得出了与传统观点相反的结论，经典力学并不需要擦除一定是耗散的（熵增）。

如此，我希望你清楚，JCM 曾经提出的挑战在某种程度上仍然存在。几乎不能避免，我仍然是第二定律的眼中钉——鉴于它的统计学性质。尽管理论界对我的存在有一些反对声音，但最近的一些实验表明，妖的行动是可能的，只要研究的尺度足够小。

例如，2016 年，牛津大学的一个团队用两道脉冲光代替我原来盒子的两侧。他们并未雇用真正的妖［尽管菲利普·普尔曼（Philip Pullman）提出了更好的建议］，而是根据强度对两道脉冲光进行测量，一个方向上采用一道脉冲，另一个方向上采用另一道脉冲。光电二极管接收这两个脉冲所产生的电压差会给电容器充电。由于能量较高的脉冲总是往同一个方向走，所以能模拟妖的工作。

还是 2016 年，一位巴西物理学家和他的团队进行了一项实验，实验似乎包含了小妖，涉及热力学。他们在一个较小的范围打破了第二定律。这让那些兜售"自由能"设备的人感到欣喜。当然，物理学家对永动机和自由能装置嗤之以鼻。一些人认为这是物理学家缺乏开放性，实际上，这是因为物理学家比他们更理解热力学第二定律。

在巴西的实验中，热量从一个较冷的地方传递到一个较热的地方。回想冰箱的例子，热量从较冷的地方传递到较热的地方似乎并不奇怪。不过，它必须在提供能量的情况下才会出现，这并非第二定律中提到的"封闭系统"。在这个实验中，有趣的是热量是自发地从"较冷"的地方传递到"较热"的地方（引号内容下文介绍），这就是永动机和自由能所需要的东西。

巴西圣安德烈（Santo André）ABC 联邦大学（Federal University of ABC）和约克大学的物理学家罗伯托·塞拉（Roberto Serra）和他的同事们让氯仿分子（一种简单的有机化合物，一个碳原子连接一个氢原子、三个氯原子）进入一种特殊状态。将分子中的氢原子和碳原子的其中一个性质——自旋[1]——相关联，使它们产生一种联系。我们知道，氢原子的能量高于碳原子，氢原子比碳原子更热（故有上文的引号）。在这个实验中，在没有外界帮助的情况下，由于关联性的衰减，热量从碳原子传递到氢原子，从较冷的原子传递到较热的原子。

欲理解这种情况需要理解第二定律的另一种定义，涉及熵的定义。前面介绍过，熵是一个系统的混乱程度的量度，由一个系统的组分可被不同方式组织起来的数量衡量——方式越多，熵越高。在氯仿实验中，熵降低是因为量子态[2]相关联可以得到更多的排列方式，如同时扔两个骰子比两个骰子单独扔拥有更多的方式得到"6"[3]。不过，自由能的拥趸们别太兴奋。虽然熵确实出现了自发减少，但让分子一开始就进入正确的状态所需的能量远超可以提取的能量，这可不是一个免费的能源。

虽然塞拉博士的氯仿分子没有真正的妖那么老练，但它们是持久法则的实际物理表现（实验经过了厚脸皮的调整）。不论我的挑战是否还在，但有一点可以肯定——JCM 留下了可观的遗产，我自豪自己能与其相关。

---

①量子自旋是量子化粒子的标准特性之一。因为它大致对应于人们熟悉的物体旋转，故称自旋（并非实际的旋转）。数值为二分之一的量子自旋在测量方向上只能是向上或向下。

②粒子（或系统）的量子态是其电荷、自旋等属性值的集合。

③两个骰子单独扔，一个骰子的"6点"面朝上，可得到6；两个骰子同时掷，"1+5""2+4""3+3"都能得到6。

10　遗产

你问一位19世纪末的科学家，你们中的谁会被未来科学家视为那个世纪英国物理学的佼佼者。他会毫不犹豫地回答开尔文勋爵。麦克斯韦的老朋友威廉·汤姆森在那个时代的声誉如日中天——他被擢升为上议院议员就反映了这一现实，他是有史以来第一位获得这一荣誉的科学家①。当然，毫无疑问，汤姆森在热力学方面做出了杰出的工作，在科学应用方面也功勋卓著——他的名字出现在当时的70多项专利中，他是铺设跨大西洋电缆的主要人物。在威斯敏斯特修道院（Westminster Abbey），与牛顿齐名的是汤姆森而非麦克斯韦。此外，还有一个以他名字命名的科学单位——开尔文。1907年，汤姆森去世后不久，贝尔法斯特（他的出生地）以及格拉斯哥（主要工作地）都竖立了他的雕像。麦克斯韦安葬在乡村教堂墓地，故乡苏格兰在其去世100年内未曾为其竖立雕像。

20世纪上半叶，情况发生了变化。虽然汤姆森的成就未被贬低，但影响力小了一些。相比之下，人们越来越重视麦克斯韦在电磁学方面的工作、对统计力学的贡献，以及对理论物理学研究方法的革新。他逐渐成为了现代物理学家眼中的英雄，爱因斯坦曾说："没有麦克斯韦的电磁方程，就没有现代物理学；我对麦克斯韦的亏欠多于任何人。"

了解他的人都知道，詹姆斯·克拉克·麦克斯韦是个特别的人。彼

---

① 人们常说，牛顿是第一个因科学贡献而被授予爵位的人，甚至BBC的《零分至上》（Pointless）节目也有过类似说法。事实上，牛顿因皇家造币厂的杰出工作而受封，他的事迹颇为传奇，他是我心中的妖。

得·泰特在《自然》杂志上对麦克斯韦的工作进行了总结并写了悼词，着重提及了他对矫言伪行以及伪科学的抵制：

> 在这个充斥着矫言伪行、伪科学的时代，我无法用言语充分表达他的早逝造成的严重损失，以及对剑桥大学和整个科学界的影响，尤其是对传统常识、真正科学的挑战。

麦克斯韦的贡献很广。查尔斯·库尔森（Charles Coulson）在1947年担任了麦克斯韦在伦敦国王学院的同一职位，他说："他所触及的话题几乎都因他而改变。"高效的产出与麦克斯韦的洞察力匹配，他有能力开发模型且用数学模拟现实，这是一种巨大的改变。在1931年为庆祝麦克斯韦诞辰100周年而整理的一本小册子中，英国物理学家詹姆斯·金斯在描述麦克斯韦的气体分子速度分布时写道：

> 麦克斯韦通过一系列论证得出了一个公式，似乎与分子、分子运动、传统常识毫无关系。根据先例以及已有的科学哲学规则，这个公式是完全错误的。实际上，它后来被证明为完全正确……敏锐的物理直觉、充分的（虽然不杰出）数学技术，成就了麦克斯韦的伟大。

给麦克斯韦在物理学殿堂的地位排序时，人们通常将其与牛顿、爱因斯坦并列（可能还有法拉第）。毫无疑问，牛顿的大量工作都与物理学有关，但麦克斯韦似乎更像一个物理学家。

在图书馆里比较牛顿和麦克斯韦是一件有意思的事——牛顿留下了2100本书①，涉及物理学和天文学的109本，涉及炼金术的138本，涉及数学的126本，涉及神学的477本②；麦克斯韦留下的图书，涉及物理学

---

①当时，书是昂贵的稀有品。
②牛顿认为这是一门科学。

的超过了50%。这样看，牛顿似乎是一个应用数学家（不考虑炼金术、神学），麦克斯韦是一个标准的物理学家，与爱因斯坦一样。

用21世纪的观点看，那个时代的麦克斯韦并不古板，远非维多利亚时代缺乏幽默感的科学家形象。今天，我们仍能体会到他在电磁学方面的工作给人们带来的革命性影响。

麦克斯韦重视新科学，可以从他后来的一些著作和谈话中看到。1873年，他在布拉德福德（Bradford）举行的英国科学促进会会议上发表了题为"论分子"（Discourse on molecules）的演讲，部分内容如下：

> 在天空中，我们通过光发现了恒星。它们彼此相距遥远，以至于没有任何物质能从一个恒星传递到另一个恒星①；然而，对我们来说，光是这些遥远世界存在的唯一证据。它还告诉我们，任一恒星都有我们在地球上发现的相同分子。例如，无论是天狼星还是北极星，氢分子的振动都在同一时间发出。
>
> 因此，宇宙中，每个分子都有公制的印记②，就像巴黎档案馆的米或卡纳克神庙的双腕尺。
>
> 没有任何进化论可以解释分子的相似性，因为进化必然意味着持续的变化，分子既不能成长或衰败，也不能生成或毁灭。
>
> 从自然界诞生以来，没有任何过程能在任何分子的特性上产生丝毫的差异。

在这一点上，麦克斯韦偏离了现代科学，他认为分子一定是由某种物质组成，因为它们的性质相同，但没有任何"我们可以称之为自然"的过程可以做到这一点。今天的人们知道，物质和能量可以完美地互

---

①有趣的是，麦克斯韦的这句话是错误的，但分析过程部分正确——当时的人们认为，宇宙很年轻，宇宙存在的时间不足以支撑任何东西从宇宙的一端到达另一端。今天，大爆炸理论解决了这个问题，宇宙初期的膨胀速度很快，但在刚开始膨胀时，宇宙的两端可观测且能直接发生物理接触。

②麦克斯韦所说的"公制"并非十进制，而是一种泛称。

换，可以解释物质的产生，但当时的麦克斯韦并不知道。与此相关的科学23年后才问世，即爱因斯坦的狭义相对论。（事实上，没有麦克斯韦的工作，则不会有狭义相对论的出现。）麦克斯韦的视野与早期物理学的神秘晦涩相去甚远，即使牛顿及其追随者们已开始将一些数学纳入其中，这个缺陷仍然存在。

本书中，麦克斯韦作品的一个小小部分——妖——发挥了重要作用。我希望麦克斯韦妖能有自己的发言权，因为它本身很好地反映了麦克斯韦挑战他的同行们思考问题方式的能力，他能使用有趣的新方法来建立模型，并将一丝幽默感融入一种显得过于严肃的科学。麦克斯韦是一位伟大的科学家，是一个了不起的人，与他成为朋友是一种享受。

只要科学还影响着我们的生活，麦克斯韦和麦克斯韦妖就值得被铭记。

如果请你说出一个伟大物理学家的名字，你也许会回答牛顿、爱因斯坦、费曼、霍金。有一位物理学家一定不能忘记，他一定位列这份清单的前列，詹姆斯·克拉克·麦克斯韦。

麦克斯韦解释了人类对颜色的感知，揭示了气体的行为方式。最为重要的是，他通过解释电与磁的相互作用变革了物理学的研究范式。他揭开了光的本质，奠基了爱因斯坦的狭义相对论以及现代电子产业的基础。

研究路上，他设置了一个不朽的挑战，最聪明的大脑也为之苦苦思索——"麦克斯韦妖"。妖虽小但极具颠覆性，它暗示支配时间流动的热力学第二定律可以被打破。

这个故事讲述了一位开创性的科学家以及他"狡黠"的妖。

布莱恩·克莱格，英国理论物理学家，科普作家。克莱格曾在牛津大学研习物理，一生致力于将宇宙中最奇特领域的研究介绍给大众读者。他是英国大众科学网站的编辑和英国皇家艺术学会会员，出版有科普书《量子时代》《量子纠缠》《量子计算》《十大物理学家》《麦克斯韦妖》《人类极简史》等。

他和妻子及两个孩子现居英格兰的威尔特郡。

果壳书斋　　科学可以这样看丛书（42本）

门外汉都能读懂的世界科学名著。在学者的陪同下,作一次奇妙的科学之旅。他们的见解可将我们的想象力推向极限!

1	平行宇宙（新版）	〔美〕加来道雄	43.80元
2	超空间	〔美〕加来道雄	59.80元
3	物理学的未来	〔美〕加来道雄	53.80元
4	心灵的未来	〔美〕加来道雄	48.80元
5	超弦论	〔美〕加来道雄	39.80元
6	宇宙方程	〔美〕加来道雄	49.80元
7	量子计算	〔英〕布莱恩·克莱格	49.80元
8	量子时代	〔英〕布莱恩·克莱格	45.80元
9	十大物理学家	〔英〕布莱恩·克莱格	39.80元
10	构造时间机器	〔英〕布莱恩·克莱格	39.80元
11	科学大浩劫	〔英〕布莱恩·克莱格	45.00元
12	超感官	〔英〕布莱恩·克莱格	45.00元
13	麦克斯韦妖	〔英〕布莱恩·克莱格	49.80元
14	宇宙相对论	〔英〕布莱恩·克莱格	56.00元
15	量子宇宙	〔英〕布莱恩·考克斯等	32.80元
16	生物中心主义	〔美〕罗伯特·兰札等	32.80元
17	终极理论（第二版）	〔加〕马克·麦卡琴	57.80元
18	遗传的革命	〔英〕内莎·凯里	39.80元
19	垃圾DNA	〔英〕内莎·凯里	39.80元
20	量子理论	〔英〕曼吉特·库马尔	55.80元
21	达尔文的黑匣子	〔美〕迈克尔·J.贝希	42.80元
22	行走零度（修订版）	〔美〕切特·雷莫	32.80元
23	领悟我们的宇宙（彩版）	〔美〕斯泰茜·帕伦等	168.00元
24	达尔文的疑问	〔美〕斯蒂芬·迈耶	59.80元
25	物种之神	〔南非〕迈克尔·特林格	59.80元
26	失落的非洲寺庙（彩版）	〔南非〕迈克尔·特林格	88.00元
27	抑癌基因	〔英〕休·阿姆斯特朗	39.80元
28	暴力解剖	〔英〕阿德里安·雷恩	68.80元
29	奇异宇宙与时间现实	〔美〕李·斯莫林等	59.80元
30	机器消灭秘密	〔美〕安迪·格林伯格	49.80元
31	量子创造力	〔美〕阿米特·哥斯瓦米	39.80元
32	宇宙探索	〔美〕尼尔·德格拉斯·泰森	45.00元
33	不确定的边缘	〔英〕迈克尔·布鲁克斯	42.80元
34	自由基	〔英〕迈克尔·布鲁克斯	42.80元
35	未来科技的13个密码	〔英〕迈克尔·布鲁克斯	45.00元
36	阿尔茨海默症有救了	〔美〕玛丽·T.纽波特	65.80元
37	血液礼赞	〔英〕罗丝·乔治	预估49.80元
38	语言、认知和人体本性	〔美〕史蒂芬·平克	预估88.80元
39	修改基因	〔英〕内莎·凯里	预估42.80元
40	骰子世界	〔英〕布莱恩·克莱格	预估49.80元
41	人类极简史	〔英〕布莱恩·克莱格	预估49.80元
42	生命新构件	贾乙	预估42.80元

欢迎加入平行宇宙读者群·果壳书斋 QQ:484863244

邮购:重庆出版社天猫旗舰店、渝书坊微商城。

各地书店、网上书店有售。

扫描二维码
可直接购买